# Gehirngerechtes Arbeiten und beruflicher Erfolg

# Lizenz zum Wissen.

Sichern Sie sich umfassendes Wirtschaftswissen mit Sofortzugriff
auf tausende Fachbücher und Fachzeitschriften aus den Bereichen:
Management, Finance & Controlling, Business IT, Marketing,
Public Relations, Vertrieb und Banking.

Exklusiv für Leser von Springer-Fachbüchern: Testen Sie Springer
für Professionals 30 Tage unverbindlich. Nutzen Sie dazu im
Bestellverlauf Ihren persönlichen Aktionscode **C0005407** auf
*www.springerprofessional.de/buchkunden/*

**Jetzt
30 Tage
testen!**

## Springer für Professionals.
## Digitale Fachbibliothek. Themen-Scout. Knowledge-Manager.

- Zugriff auf tausende von Fachbüchern und Fachzeitschriften
- Selektion, Komprimierung und Verknüpfung relevanter Themen
  durch Fachredaktionen
- Tools zur persönlichen Wissensorganisation und Vernetzung

*www.entschieden-intelligenter.de*

# Springer für Professionals

Jürg Dietrich

# Gehirngerechtes Arbeiten und beruflicher Erfolg

## Eine Anleitung für mehr Effektivität und Effizienz

 Springer Gabler

Jürg Dietrich
Thun
Schweiz

ISBN 978-3-658-04861-7          ISBN 978-3-658-04862-4 (eBook)
DOI 10.1007/978-3-658-04862-4

Die Deutsche Nationalbibliothek verzeichnet diese Publikation in der Deutschen Nationalbibliografie; detaillierte bibliografische Daten sind im Internet über http://dnb.d-nb.de abrufbar.

Springer Gabler

Gedruckt auf säurefreiem und chlorfrei gebleichtem Papier

Springer Gabler ist eine Marke von Springer DE. Springer DE ist Teil der Fachverlagsgruppe Springer Science+Business Media
www.springer-gabler.de

*Für Sue,*
*Emanuel, Marlen und Svenja*

# Einleitung: Die Echtzeitwelt, in der wir leben

> *Muss nur noch kurz die Welt retten, danach flieg ich zu dir.*
> *Noch 148 Mails checken, wer weiß was mir dann noch*
> *passiert, denn es passiert so viel. Muss nur noch kurz die*
> *Welt retten und gleich danach bin ich wieder bei dir. Die*
> *Zeit läuft mir davon. Zu warten wäre eine Schande für die*
> *ganze Weltbevölkerung.*
> *Ausschnitt aus einem Liedtext von Tim Bendzko*

Wir leben in einer Zeit des Wissens und der permanenten Wissensverfügbarkeit. Noch nie hat sich das vorhandene Wissen so rasch verdoppelt wie in der heutigen Zeit. Noch keine Generation vor uns verfügte über so viele und so aktuelle Informationen wie wir. Landesgrenzen und Kontinente werden in Echtzeit überbrückt, wir können immer und überall live dabei sein. Rund um die Uhr können wir miteinander kommunizieren, egal wo wir uns befinden. Wir leben in einer Zeit, in der viel passiert, um uns herum, in unserem näheren und weiteren Umfeld, weltweit und überall. Wir sind mittendrin, hautnah mit dabei und nonstop informiert. Berufs- und Privatleben vermischen sich zusehends, die Grenzen sind fließend und für viele Menschen schier nicht mehr erkennbar. Da wie dort sind wir gefordert und mächtigen Erwartungen ausgesetzt.

Wir leben in einer Zeit der schier unbegrenzten Möglichkeiten, in einer Zeit des unaufhaltbaren technologischen Fortschritts und der weltweiten Vernetzung. Zu keiner Zeit waren die Menschen derart gut und weiträumig miteinander verbunden wie die modernen Erdbewohner in den industrialisierten Ländern. Nie glich die Welt mehr einem Dorf als heute. Rund um den Globus haben viele von uns „Freunde". Denen teilen sie mit, was gerade geschieht und was sie in diesem Moment bewegt. Ungefragt. Dafür zeitnah und topaktuell.

Wir leben in einer Zeit des Überflusses. Es gibt von allem zu viel, nur Zeit haben wir immer zu wenig, denn wir leben in einer Zeit der Schnelllebigkeit, temporeich und voller Action. Das Rad der Zeit scheint sich immer rasanter zu drehen, wir fliegen förmlich durch unsere Zeit. Aus Monaten werden gefühlte Wochen, aus Wochen werden Tage, aus Tagen werden Stunden. Der Erfolg von heute ist morgen bereits Schnee von gestern. Noch nie wurde uns die Vergänglichkeit der Zeit eindrücklicher vor Augen geführt und nie war uns unsere eigene Vergänglichkeit weniger bewusst.

Wir leben in einer Zeit der Hektik und der ständigen Erreichbarkeit, wir sind immer am Ball, immer gefordert, pausenlos. Noch nie waren so viele Menschen überfordert in ihrem Berufsleben wie in der heutigen Zeit. Noch zu keiner Zeit stießen so viele Mitarbeitende an die Grenzen ihrer Belastbarkeit und hatten Schwierigkeiten, mit den steigenden Anforderungen und den hohen Erwartungen zurechtzukommen.

Aus Distanz betrachtet, kann man gut und gerne das Gefühl haben, wir alle müssten nur noch kurz die Welt retten, wie es Tim Bendzko in seinem Lied postuliert. Doch wer weiß schon, was noch alles passiert. Und was wir alles verpassen könnten, in der Echtzeitwelt, in der wir leben.

### Der ganz normale Büroalltag

„Nur noch rasch die Mails checken. Dazu ein paar Telefonate und gleichzeitig schreibe ich die Offerte zu Ende. Der Kollege will obendrein eine Antwort. Möglichst bis zum Mittag. Mein Handy summt. Und ab ins nächste Meeting. Kein Problem. Ich nutze die Zeit und arbeite während des Meetings gleich weiter an meinen Mails und an der Offerte und überlege mir zugleich, was ich dem Kollegen für Lösungen vorschlage. Alles geht gleichzeitig, alles auf einmal. Wäre doch gelacht. Wofür sind schließlich die modernen Kommunikationsmittel da? An acht Projekten arbeite ich zur selben Zeit und parallel. Die Uhr tickt, der Zeitdruck steigt. Tempo! Tempo! Ich bin immer auf Achse und stets unter Strom. Mails und Kurznachrichten schreibe ich im Minutentakt. Ständig bin ich online. Ich rackere mich ab und schufte von früh bis spät. Der ganz normale Wahnsinn meines ganz normalen Büroalltags.

Abends sitze ich erschöpft und ausgelaugt zu Hause und frage mich, was ich am heutigen Tag wirklich zu Ende gebracht und erledigt habe. Reichlich wenig. Dabei habe ich mich so bemüht. Und abgemüht. Habe ich zu viel zu tun? Oder fehlt mir die richtige Arbeitstechnik? Oder das passende Zeitmanagement? Was mache ich bloß falsch?"

Was geschieht mit uns und in uns in dieser schnelllebigen Zeit mit den grenzenlosen Chancen? Und mit den damit verbundenen Erwartungshaltungen? Je weniger Zeit wir haben, desto stärker verlangen wir nach technischen Lösungen. Die unterstützen uns nicht nur, sie tragen auch selber massiv zu einer weiteren Beschleunigung bei und sind selbst Ursache einer weiteren Tempoerhöhung. Die Technologie an sich ist ein Segen, der Umgang damit wird für viele zum Fluch.

Wenn ich an meine Jugendzeit in den 1980er-Jahren zurückdenke, frage ich mich, wie wir das damals gemacht haben. Ohne Handy. Ohne Internet. Ohne Computer. Dafür mit Schreibmaschine und Festnetztelefon. Und einem Farbfernsehgerät pro Haushalt mit vielleicht fünf Kanälen. Ich will kein Loblied auf die „gute alte Zeit" anstimmen. Keineswegs. Ebenso wenig möchte ich die technischen Möglichkeiten der heutigen Zeit missen. Dennoch war das Leben vor wenigen Jahrzehnten fundamental anders. Der Rhythmus war ein anderer, die Informationsfülle genauso wie die Wahlmöglichkeiten und das vorherrschende Tempo. Das betrifft ganz alltägliche Bereiche des Lebens wie beispielsweise das Lebensmittelangebot im Supermarkt gleichermaßen wie die Berufswelt und die Unterhaltungs- und Freizeitangebote. Wenn wir uns heute einen Actionfilm aus den 1980er-Jahren anschauen, der damals als temporeich galt, entlockt uns das im Vergleich mit den blitzschnellen Schnitten der heutigen Filme höchstens noch ein müdes Gähnen.

Kann unser Gehirn noch umgehen mit der horrenden Geschwindigkeit und mit den Reizüberflutungen unserer Welt, mit den immensen Anforderungen im Berufsalltag, mit den grenzenlosen Wahlmöglichkeiten und dem Überfluss, mit der ständigen Verfügbarkeit, mit unserer Ruhelosigkeit und mit all den technischen Lösungen, die heute unser Leben bestimmen?

Erschreckend aber wahr:

▶    Die Anforderungen unserer (Arbeits-)Welt entsprechen längst nicht
      mehr der Funktionsweise unseres Gehirns.

Unser Verhalten in der heutigen Welt überfordert unsere Gehirnressourcen permanent. Denn die Grundstrukturen unseres Gehirns sind nach wie vor dieselben wie jene des Gehirns unserer Vorfahren. Mit Vorfahren sind nicht unsere Groß- oder Urgroßeltern gemeint. Denn evolutionsgeschichtlich gesehen, haben wir dieselben Gehirnstrukturen wie die Menschen vor zig tausend Jahren. Im Vergleich dazu ist der Zeitsprung in die 1980er-Jahre ein Klacks. Plakativ ausgedrückt, arbeiten wir mit einem Steinzeit-Gehirn in einem elektronischen Hochleistungszeitalter.

Verarbeitungsgeschwindigkeit und Reaktionsvermögen des Gehirns sind für die Bedingungen und Gefahren in der freien Natur konstruiert. Es ist für die Lösung von Problemen ausgelegt, die mit dem Überleben im Freien zu tun haben: Finde ich Nahrung oder werde ich zur Nahrung. Heute sind strategische Entscheidungen in einem hochkomplexen Wirtschaftsumfeld gefordert.

Unser Gehirn wurde dafür geschaffen, mit einem Bruchteil an immer neuen Reizen und Informationen der heutigen Welt umzugehen. Das ist in etwa vergleichbar, wie wenn Sie mit einem Oldtimer versuchen, auf einer Rennstrecke mit einem Formel-1-Boliden mitzuhalten. Eigentlich ein hoffnungs- und aussichtsloses Unterfangen.

Arbeiten wir noch effektiv? Und effizient? Schaffen wir noch Mehrwert? Nutzen wir die Zeit noch sinnvoll? Oder verzetteln wir uns nur noch in Belanglosem? Sind wir noch in der Lage, über längere Zeit konzentriert und ungestört an einer Aufgabe zu arbeiten? Es ist nicht verwunderlich, dass viele Menschen Mühe haben, mit den Anforderungen der heutigen Arbeitswelt fertig zu werden, denn die sind hoch. Sehr hoch. Gleichzeitig kämpfen wir gegen Störungen, Ablenkungen, übervolle Kalender und sich türmende Arbeitsberge. Ständige Unzufriedenheit und Frustrationen, geistige, emotionale und körperliche Erschöpfung, Dauerstress und Depressionen sind die Folgen.

Aber ist es wirklich aussichtslos? Die Evolution hinkt der rasanten Entwicklung massiv hinterher und wir können den Entwicklungsgang unseres Gehirns weder forcieren noch erzwingen. Was vermögen wir zu tun? Dem Rummel entfliehen, zurückkehren zu den Zeiten ohne Smartphone, E-Mail und Internet? Uns abschotten und uns ins Kloster oder auf eine Alp zurückziehen? Oder lässt sich unser Gehirn entsprechend konditionieren und trainieren?

Evolutionsbiologen, Anthropologen, Neurologen, Psychologen und weitere Wissenschaftler beschäftigen sich seit Langem intensiv mit diesen und einer Vielzahl weiterer Fragen. Nach wie vor liegt bezüglich der Funktionsweise des Gehirns vieles im Dunkeln. Wir wissen noch längst nicht alles, aber eines ist gewiss: Zu wenige Menschen wenden die vorhandenen Erkenntnisse bewusst an und setzen ihr Denkorgan gehirngerecht ein. Mit den oben beschriebenen Folgen für die geistige, seelische und körperliche Gesundheit.

Worüber sich die Forscher einig sind: Unser Gehirn ist enorm lernfähig. Und je mehr wir über die Funktionsweise unseres Gehirns wissen, desto mehr Möglichkeiten haben wir, um unser Verhalten und dadurch sogar unser Gehirn zu verändern. Andererseits unterliegt unser Gehirn gewissen Einschränkungen, die auf die evolutionäre Entwicklung zurückgehen und die sich nicht einfach zur Seite schieben lassen. Je klarer wir uns bewusst sind, wo diese Begrenzungen liegen, desto gezielter können wir damit umgehen und unsere Gehirnressourcen schonender einsetzen.

Es geht in diesem Buch nicht um noch ausgefeiltere Zeitmanagement- und Arbeitstechniken, auch nicht um komplexe technische Planungssysteme, sondern um einen durchdachten Umgang mit unseren Ressourcen und um die Frage, wie wir das Richtige bei der Arbeit richtig erledigen. Das möchte ich Ihnen aufzeigen. Sie erhalten Antworten auf die Fragen in dieser Einleitung und unzählige Anregungen für Ihren persönlichen beruflichen Alltag.

Ausgewählte Erkenntnisse aus der modernen Hirnforschung und psychologische Studien offenbaren uns, wie wir das Potenzial unseres Denkorgans gezielter nutzen können. Ich zeige Ihnen Wege und Möglichkeiten auf, wie Sie Ihre persönlichen Verhaltensweisen erweitern. Dabei verknüpfe ich die Feststellungen aus der Forschung mit meinem eigenen Erfahrungsschatz und demjenigen meiner Seminarteilnehmenden. Daraus entstehen fünf Leitsätze für gehirngerechtes und effektives Arbeiten, die Sie in Ihrem individuellen Selbstmanagement weiterbringen. Nicht jeder Leitgedanke in gleichem Maße; das ist weder notwendig noch erstrebenswert. Es geht vielmehr darum, dass Sie für sich selber auswählen können, was für Sie stimmig und zieldienlich ist bei der Bewältigung Ihrer ganz persönlichen Herausforderungen.

Ich zeige Ihnen Möglichkeiten auf, wie Sie die ganz alltäglichen Schwierigkeiten im Berufsalltag meistern. Es geht um den produktiven Umgang mit der Informationsflut, die sinnvolle Nutzung der E-Mails, die optimale Arbeits- und Arbeitsplatzorganisation und den Umgang mit Druck und Belastungen.

Wie bringen wir die Veränderungen nachhaltig in unseren Alltag? Wie verändern wir Verhaltensweisen, die sich seit Jahr und Tag in unserem Leben eingeschliffen haben?

Auch für den Transfer in Ihren Berufsalltag finden Sie zahlreiche Anregungen, abgeleitet aus einschlägigen Erkenntnissen aus der Gehirnforschung und vielfach in der Praxis erprobt. Hier gilt dasselbe wie für die Leitsätze und die Impulse zum Meistern der Alltagsherausforderungen: Experimentieren Sie mit denjenigen Anregungen, die für Sie hilfreich und nützlich erscheinen und die Ihre Verhaltensmöglichkeiten erweitern.

„Nur noch kurz die Welt retten" werden Sie und ich wohl kaum mit diesem Buch. Wenn Sie jedoch in Ihre ganz persönliche Welt das eine oder andere einbauen können, wird Ihre Welt um einiges reicher. Sie werden im besten Fall mehr Zeit für das wirklich Wesentliche erhalten, Sie werden effektiver und produktiver in Ihrem Arbeitsverhalten, die Herausforderungen mit mehr Gelassenheit meistern und in der Lage sein, Ihr Gehirn bewusster zu nutzen und dabei weniger rasch zu ermüden. Je häufiger und je intensiver Sie das tun, desto ausgeprägter wird der Effekt sein. Denn das Wissen um die Zusammenhänge der Gehirnfunktionen erlaubt es uns, unser Gehirn gezielter einzusetzen und es auf lange Sicht optimal an die veränderte Umwelt anzupassen und in unserer Echtzeitwelt erfolgreicher zu bestehen.

# Inhaltsverzeichnis

1 Unser Gehirn bei der Arbeit ............................................... 1
  1.1  Unter welchen Bedingungen sich unser Gehirn entwickelte ......... 1
  1.2  Der Aufbau unseres Gehirns .......................................... 3
      1.2.1  Der präfrontale Cortex, unsere Kommandozentrale ......... 5
      1.2.2  Was uns einschränkt ...................................... 7
      1.2.3  Die Basalganglien: Routineaufgaben meisterhaft erledigen ... 9
  1.3  Den eigenen Dirigenten bewusst aktivieren und einsetzen .......... 11
      1.3.1  Die Rolle der Selbstkontrolle ............................. 12
      1.3.2  Das Konzept der Achtsamkeit ............................. 16
  1.4  Wohin wollen wir unser Gehirn weiterentwickeln? ................. 19
  1.5  Meine Werte: Was ist mir persönlich am Wichtigsten? ............. 20
  Literatur ................................................................. 23

2 Fünf Leitsätze für gehirngerechtes Arbeiten ......................... 25
  2.1  Leitsatz 1: Uneingeschränkte Konzentration auf den Moment ....... 26
      2.1.1  Vergessen Sie Multitasking ............................... 26
      2.1.2  Alles hat seine Zeit: Singletasking ........................ 27
      2.1.3  Prioritäten setzen hat die höchste Priorität ................. 29
  2.2  Leitsatz 2: Störungen und Unterbrechungen vermindern .......... 32
      2.2.1  Was uns ablenkt ........................................ 34
      2.2.2  Äußere Ablenkungen managen ........................... 35
      2.2.3  Umgang mit inneren Ablenkungen........................ 36
      2.2.4  Unsere Vetokraft stärken ................................ 38
      2.2.5  Unsere optimale Leistungsfähigkeit ...................... 39
  2.3  Leitsatz 3: Den Kopf frei kriegen ............................... 41
      2.3.1  Aus den Augen, aus dem Sinn ........................... 41
      2.3.2  Pausen, Energiebedürfnisse, Arbeitsblöcke und Hierarchien .. 42
      2.3.3  Unser Gehirn braucht Bedeutungen, Bilder und Metaphern .. 43

    2.4   Leitsatz 4: Die Lösung fokussieren, nicht das Problem . . . . . . . . . . . . .   47
          2.4.1   Unser Gehirn neigt zur Problemorientierung . . . . . . . . . . . . . .   48
          2.4.2   Lösungsorientierung als Lebenshaltung . . . . . . . . . . . . . . . . . . .   50
          2.4.3   Neubewertung durch Perspektivenwechsel . . . . . . . . . . . . . . . .   52
    2.5   Leitsatz 5: Keine unnötigen Qualen . . . . . . . . . . . . . . . . . . . . . . . . . . . .   54
          2.5.1   Unsere Traumtötersprache . . . . . . . . . . . . . . . . . . . . . . . . . . . . .   54
          2.5.2   Unser Belohnungssystem . . . . . . . . . . . . . . . . . . . . . . . . . . . . . .   57
          2.5.3   Die Rolle der Erwartungen . . . . . . . . . . . . . . . . . . . . . . . . . . . . .   58
    Literatur . . . . . . . . . . . . . . . . . . . . . . . . . . . . . . . . . . . . . . . . . . . . . . . . . . . . . . . .   60

3   Alltägliche Herausforderungen meistern . . . . . . . . . . . . . . . . . . . . . . . . . . .   63
    3.1   Produktiver Umgang mit der Informationsflut . . . . . . . . . . . . . . . . . . .   64
    3.2   Das Informationsmedium E-Mail effizient und sinnvoll nutzen . . . . .   66
          3.2.1   Machen E-Mails dumm? . . . . . . . . . . . . . . . . . . . . . . . . . . . . . . . .   66
          3.2.2   Experimente für eine optimalere E-Mail-Nutzung . . . . . . . . . . .   67
    3.3   Vom individuellen Umgang mit der Zeit . . . . . . . . . . . . . . . . . . . . . . . .   73
    3.4   Arbeits- und Arbeitsplatzorganisation . . . . . . . . . . . . . . . . . . . . . . . . . .   75
          3.4.1   Arbeitsplatzorganisation . . . . . . . . . . . . . . . . . . . . . . . . . . . . . . . .   75
          3.4.2   Der Büroarbeitsplatz der Zukunft . . . . . . . . . . . . . . . . . . . . . . . .   79
          3.4.3   Experimente für die Organisation der eigenen Arbeit . . . . . . . .   81
    3.5   Umgang mit Druck und Belastungen . . . . . . . . . . . . . . . . . . . . . . . . . . .   82
    Literatur . . . . . . . . . . . . . . . . . . . . . . . . . . . . . . . . . . . . . . . . . . . . . . . . . . . . . . . .   87

4   Transfer in den Arbeitsalltag . . . . . . . . . . . . . . . . . . . . . . . . . . . . . . . . . . . . .   89
    4.1   Umsetzungskiller oder weshalb viele gute Vorsätze rasch versanden .   89
          4.1.1   Die Macht der Gewohnheit . . . . . . . . . . . . . . . . . . . . . . . . . . . . . .   89
          4.1.2   Zu wenig Druck, zu hohe Ziele, eigene Ansprüche . . . . . . . . . .   90
          4.1.3   Keine Zuversicht . . . . . . . . . . . . . . . . . . . . . . . . . . . . . . . . . . . . . .   91
    4.2   Wie Veränderungen gelingen können . . . . . . . . . . . . . . . . . . . . . . . . . . .   91
          4.2.1   Der Einfluss unserer Sprache . . . . . . . . . . . . . . . . . . . . . . . . . . . .   92
          4.2.2   Eigene Ziele erreichen . . . . . . . . . . . . . . . . . . . . . . . . . . . . . . . . . .   94
          4.2.3   Priming: Spuren im Gehirn . . . . . . . . . . . . . . . . . . . . . . . . . . . . . .   98
          4.2.4   Der Weg der kleinen Schritte . . . . . . . . . . . . . . . . . . . . . . . . . . . .  100
          4.2.5   Gewohnheiten durch Rituale verändern . . . . . . . . . . . . . . . . . . .  103
    4.3   Die persönliche Umsetzungsstrategie . . . . . . . . . . . . . . . . . . . . . . . . . .  104
          4.3.1   Persönliche Leitsätze . . . . . . . . . . . . . . . . . . . . . . . . . . . . . . . . . . .  105
          4.3.2   Standortbestimmungen als Boxenstopps . . . . . . . . . . . . . . . . . . .  105
    Literatur . . . . . . . . . . . . . . . . . . . . . . . . . . . . . . . . . . . . . . . . . . . . . . . . . . . . . . . .  107

# Der Autor

**Jürg Dietrich,** Jahrgang 1970, ist seit 2011 Inhaber der HR Business Consulting GmbH mit Beratungs- und Dienstleistungsschwerpunkten in der Personal- und Organisationsentwicklung.

Seit Beginn seines Berufslebens setzt er sich immer wieder intensiv mit der Frage auseinander, wie er die verschiedensten Aufgaben und Ansprüche am besten unter einen Hut bringt und sein Selbstmanagement weiterentwickelt. Das begann bereits während seines Psychologiestudiums in den 1990er-Jahren, als er gleichzeitig als IT-Kursleiter tätig war, und zog sich wie ein roter Faden durch seine berufliche Laufbahn. Er arbeitete Teilzeit, um seine Vaterrolle so wahrzunehmen, wie er sich das wünschte. Selbst als er im Jahr 2002 durch einen tragischen Schicksalsschlag zum alleinerziehenden Vater wurde, war es ihm wichtig, weiterhin beruflich vorwärtszukommen, ohne dabei seine Vaterrolle zu vernachlässigen. Gehirngerechtes, effektives und effizientes Arbeiten wurde über die Jahre zu seinem persönlichen Steckenpferd und zu einem seiner beruflichen Schwerpunkte.

Heute ist Jürg Dietrich beratend tätig, leitet Seminare, Teamentwicklungsprozesse und Einzelcoachings, ist ein gefragter Referent und gleichzeitig Mitinhaber eines kleinen Laden-Cafés mit Schokoladespezialitäten. Gemeinsam mit seiner Partnerin managt er eine fünfköpfige Patchwork-Familie mitsamt Haus, Garten und Katzen und lebt in Thun.

www.hrbc.ch
www.gehirngerechtes-arbeiten.com
www.zartbitter-thun.ch

# Unser Gehirn bei der Arbeit

> *Ein ungeübtes Gehirn ist schädlicher für die Gesundheit als*
> *ein ungeübter Körper.*
>
> George Bernard Shaw

Unser Gehirn ist ein unglaublich faszinierendes Organ. Es steuert unseren gesamten Organismus, unser Denken, unsere Gefühle, unsere Einstellungen und unser Verhalten. Es ist unsere Schaltzentrale, der Sitz unseres Geistes. Und für viele Menschen ist ihr Gehirn heute das wichtigste Arbeitswerkzeug. Es umfasst schätzungsweise 100 Mrd. Nervenzellen und verbraucht eine Unmenge an Energie. Unser Gehirn ist verantwortlich dafür, dass wir uns von allen anderen Lebewesen auf diesem Planeten unterscheiden und unser Gehirn hat die Welt, in der wir leben, erst möglich gemacht.

Doch wie geht unser Gehirn mit den gesteigerten kognitiven Anforderungen um? Wie sind wir in der Lage, die Abermillionen von Reizen aus unserer Umwelt aufzunehmen und sinnvoll zu verarbeiten? Wie reagiert unser Gehirn auf die vielfältigen Ansprüche unserer heutigen Welt, wenn es im Grunde noch aus der Urzeit stammt? Mit welchen entwicklungsgeschichtlichen Einschränkungen des Gehirns müssen wir heute noch leben und wie wirkt sich das auf unseren Alltag aus?

## 1.1 Unter welchen Bedingungen sich unser Gehirn entwickelte

Machen wir zum besseren Verständnis einen kurzen Abstecher in unsere Evolution und somit in die Entwicklungsgeschichte unseres Denkorgans. Auch wenn sich die Evolutionsbiologen in vielen Punkten nicht einig sind und das Wissen über unsere Herkunft noch mehr Lücken als gesicherte Fakten aufweist, so erhärtet sich die Ver-

mutung der Forscher, dass der *Homo sapiens* als direkter Vorfahre des modernen
Menschen in Afrika entstand und sich von dort auf alle Kontinente ausbreitete. Lange Zeit lebte er in einem zuverlässigen, feuchtwarmen und berechenbaren Klima. Es
war in etwa vergleichbar mit jenem, wie es heute in den Dschungeln von Zentralaf-
rika herrscht. Doch das blieb nicht ewig so. Irgendwann veränderte sich das Klima
fundamental. Aus Kernbohrungen im ewigen Eis von Grönland geht hervor, dass
es Phasen gab, in denen sich arktische Kälte und trockene Hitze innerhalb weniger
Jahrzehnte abwechselten. Einst tropische Wälder trockneten aus und wurden zu
staubigen Steppenlandschaften. Eisige Winter folgten auf brütend heiße Sommer.
  Das stellte urplötzlich höchste Anforderungen an alle Lebewesen. Nur jene Arten
überlebten, die es schafften, sich innerhalb kurzer Zeit anzupassen und diese Ver-
änderungsfähigkeit über ihre Gene weiterzugeben. Den meisten gelang das nicht.
Schätzungen zufolge sind 99,9 % aller biologischen Gattungen, die jemals auf der
Erde lebten, heute ausgestorben [1].
  Im Grunde sind wir Menschen ein ziemlich schutzloses Wesen, verglichen mit
den Bedingungen, die damals herrschten, und mit den Gefahren und Feinden, denen unsere Vorfahren ausgesetzt waren. Es grenzt daher an ein Wunder, dass es
dem Menschen gelang, in dieser unwirtlichen Welt zu überleben und mit den stetigen Veränderungen klarzukommen. Es gab nur zwei Strategien, um zu überleben.
Entweder eine Investition in den Aufbau von Muskeln, um stärker und schneller
zu werden, oder eine Investition in ein größeres Gehirn. Unsere Spezies hat sich
offensichtlich für letztere Variante entschieden – mit Erfolg.

> Das schutzlose Wesen Mensch investierte statt in den Aufbau von Muskeln in
> den Aufbau von Gehirnzellen – und überlebte dank dieser Strategie in einer
> erbarmungslos unwirtlichen Umgebung.

Der Mensch erlangte die Fähigkeit, Probleme rasch zu erkennen, Lösungen zu finden und aus Fehlern zu lernen. Und dank der Begabung des Gehirns, Wissen zu
speichern, aufgrund dieser Erkenntnisse zu improvisieren und das Wissen weiterzugeben, erhöhte sich die Anpassungsfähigkeit unserer Gattung. Der Mensch
begann, sein Überleben mithilfe von zunächst primitiven Werkzeugen zu sichern,
indem er Steine schärfte. Er lernte, das Feuer zu beherrschen und bevölkerte nach
und nach weite Teile der Erde. Forscher vermuten, dass sich die Menschheit pro
Jahr um 40 km ausbreitete, was eine bemerkenswerte Strecke ist. Man stelle sich
vor, wie die Wildnis zu dieser Zeit aussah. Dichter Dschungel, trockene Wüsten,
hohe Berge, reißende Flüsse, tiefe Seen und weite Ozeane mussten überwunden
werden. Es gab keinerlei Straßen, geschweige denn Brücken oder Landkarten. Alles
war im wahrsten Sinne des Wortes wild und ungezähmt.
  Eine bedeutende Rolle für das Überleben spielte die Sozialisation. Unsere Vorfahren schlossen sich zu Gruppen zusammen, sie lernten zu kommunizieren,
zusammen zu arbeiten, gemeinsam Ziele zu verfolgen. Im Verbund konnten auch

größere Tiere erfolgreich gejagt und erlegt werden. Das setzt voraus, dass die Menschen die Fähigkeit entwickelten, sich in andere hineinzuversetzen, das Verhalten anderer vorherzusagen und gezielt zu beeinflussen. Dafür müssen wir Menschen die Innenwelt der anderen abschätzen können, wir müssen die Persönlichkeit des Gegenübers, seine Fähigkeiten, seine Intelligenz und auch sein Verhalten einschätzen können. Beziehungen müssen aufgebaut und gepflegt werden, soziale Gefüge entstehen, Gedanken, Meinungen, Einstellungen, Wünsche und Absichten werden handlungsrelevant – unsere eigenen genauso wie diejenigen der anderen.

Alle diese Begabungen bedingen ein Gehirn, welches in seiner Größe und seiner Funktionalität den anderen Arten überlegen ist. Es muss in der Lage sein, neue Situationen rasch zu erkennen und auftretende Probleme zu lösen, um das Überleben in der freien Wildbahn unter ständig wechselnden Bedingungen sicherzustellen. Und es muss die sozialen Komponenten kognitiv meistern. Genau solch ein Gehirn hat sich bei uns Menschen über die Jahrtausende entwickelt.

## 1.2   Der Aufbau unseres Gehirns

Dank der Methoden der modernen Hirnforschung und den bildgebenden Verfahren erfahren Neurologen nach und nach, was sich wo in unserem Gehirn abspielt, während wir nachdenken, Probleme lösen, im Internet surfen und so fort. Es gibt mittlerweile viele Hinweise darauf, was unser Denkapparat zu leisten imstande ist. Neurowissenschaftler nehmen an, dass wir rund 100 Mio. Bit pro Sekunde über unsere Sinnesorgane wahrnehmen. Eine unvorstellbare Menge an Reizen, die auf uns hereinprasselt, Sekunde für Sekunde. Zum Vergleich: Ein privater Internetanschluss schaffte mittels Kupferleitung bis vor Kurzem im besten Fall gerade einmal rund 20 Mio. Bits pro Sekunde. Und über diese Leitung laufen sämtliche Internetanwendungen, das Signal füttert unsere Fernsehgeräte und telefonieren lässt sich über das Festnetz auch noch gleichzeitig.

Diese ungeheure Menge an Informationen kann unser Gehirn gar nicht verarbeiten. Es filtert daher alles heraus, was für uns in der jeweiligen Situation nicht relevant ist. Bewusste Aufmerksamkeit schenkt unser Gehirn nur einem verschwindend kleinen Teil, nämlich schätzungsweise 10 (zehn!) Bit pro Sekunde [2]. Für diese Filterleistung verrichtet unser Gehirn eine immense Arbeit.

> **Ein Beispiel für situationsgerechtes Filtern von Informationen**
>
> Wenn Sie in einem Restaurant mit einem hohen Lärmpegel sitzen und sich dennoch auf das Gespräch mit Ihrem Gegenüber konzentrieren können, vollbringt Ihr Gehirn eine anspruchsvolle und energieraubende Leistung: Es filtert die

Aussagen des Gesprächspartners aus den vielen Umgebungsgeräuschen heraus und blendet die irrelevanten Gespräche der anderen Anwesenden aus. Das erfordert Ihre volle Aufmerksamkeit und Konzentration und nimmt Ihr Gehirn voll und ganz in Anspruch.

Sobald hinter Ihrem Rücken jemand Ihren Vornamen ausspricht, ist die Wahrscheinlichkeit groß, dass Sie diesen wahrnehmen und von Ihrem eigenen Gespräch abgelenkt werden. Die Filterfunktion blendet nicht einfach alles aus, sondern sucht stets nach relevanten Informationen, um im entscheidenden Augenblick Ihre Aufmerksamkeit umzulenken.

Diese Fähigkeit des Gehirns war zu Urzeiten überlebenswichtig, denn überall lauerte Gefahr. Wachsam musste die Umgebung sozusagen als Hintergrundaufgabe des Gehirns nach auffälligen Geräuschen durchforstet werden, um im Notfall rechtzeitig reagieren zu können. Es ging um nichts weniger als den kleinen aber folgenreichen Vorsprung, der oft genug über Leben oder Tod entschied.

Ohne ins Detail zu gehen, werfen wir einen Blick auf den Aufbau unseres Denkorgans, siehe auch Abb. 1.1. John Medina, ein US-amerikanischer Molekularbiologe, beschreibt das menschliche Gehirn anhand des Konzepts des dreieinigen Gehirns [1]. Das Modell befasst sich mit der strukturellen Organisation des Gehirns. Wie der Name ausdrückt, haben wir demnach drei verschiedene Gehirne im Kopf.

Das älteste und am tiefsten liegende ist der *Hirnstamm*, auch *Reptilienhirn* genannt. Es läuft Tag und Nacht, quasi im 24-Stunden-Betrieb, und steuert die meisten grundlegenden Lebensfunktionen wie die Atmung, den Herzschlag oder die Darmtätigkeit. Dieselben Grundfunktionen sind für sämtliche Wirbeltiere überlebensnotwendig, weshalb alle Tiere diesen Gehirnteil haben und er nahezu bei allen identisch aufgebaut ist. Bei den Reptilien macht dieser Teil fast das gesamte Gehirn aus. Daher stammt der Name Reptiliengehirn.

Über dem Hirnstamm liegt das *limbische System* (*Altsäugerhirn*), welches während der Evolution bei der Entwicklung der Säugetiere entstand. Es reguliert die Emotionen, den Antrieb oder das Lernen und bildet keine anatomische Einheit, sondern umfasst mehrere Gehirnregionen, die funktional eng zusammenarbeiten. Gemäß Medina garantiert das limbische System das biologische Überleben und steht für die vier F's: Fighten, Fressen, Flüchten und die Fortpflanzung. Die *Amygdala* bildet einen Teil dieses Systems. Sie spielt eine wichtige Rolle, wenn es um die emotionale Bewertung und die Wiedererkennung von Situationen geht und bei der Analyse von Gefahren. Im *Hippocampus* werden Gedächtnisinhalte vom Kurz- ins Langzeitgedächtnis übertragen. Der *Thalamus* kontrolliert die Sinneswahrnehmung und fungiert als Filter. Er vollbringt einen beträchtlichen Teil der Arbeitsleistung beim Herausfiltern der oben beschriebenen Informationen.

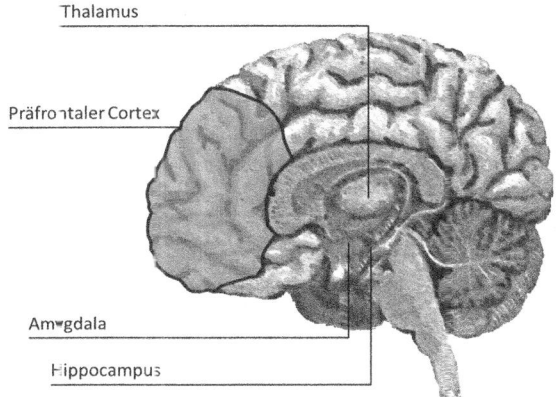

Thalamus

Präfrontaler Cortex

Amygdala

Hippocampus

**Abb. 1.1** Querschnitt eines menschlichen Gehirns

Der oberste Teil des Gehirns bildet die *Hirnrinde* (*Cortex*). Diese Ansammlung von Nervenzellen befindet sich am äußeren Rand des Groß- und des Kleinhirns. Die einzelnen Regionen des Cortexes sind hochgradig spezialisiert, beispielsweise für unsere Sprache für das Sehen oder für unser Gedächtnis. Eine dieser Regionen zieht unser Interesse ganz besonders auf sich: der präfrontale Cortex.

## 1.2.1   Der präfrontale Cortex, unsere Kommandozentrale

Der *präfrontale Cortex* – auch *Stirnhirn* genannt – ist jene Region des Gehirns, die sich im Verlauf der Evolution zuletzt entwickelte. Sie ist beim Menschen viermal größer als bei allen Primaten, obschon der präfrontale Cortex auch bei uns nur vier bis fünf Prozent des gesamten Hirnvolumens ausmacht. Das Stirnhirn ist die Hirnregion, deren Struktur als letzte voll ausgereift ist, so um das 20. Lebensjahr herum. Sie ist auch die erste Region, die bei Nichtgebrauch wieder degeneriert. Hier befindet sich der zentrale Sitz für alles, was unsere Aufmerksamkeit benötigt: für das Arbeitsgedächtnis, um Informationen im Gedächtnis abzulegen, für die Selbstkontrolle und die Selbstdisziplin, für die Emotionskontrolle und für die Motivation. Der präfrontale Cortex steuert unsere Sprachfunktionen sowie das Planen und das Vorausschauen. Er ermöglicht unsere bewusste Interaktion mit der Umwelt, dank ihm können wir uns in andere hineinfühlen, kreativ und innovativ sein. Hier befindet sich der Sitz unseres bewussten Geistes. Oder mit anderen Worten: unsere

Kommandozentrale. Die hat sehr viel zu tun. Jedes Mal, wenn wir bewusst und intensiv nachdenken, aktivieren wir dadurch Milliarden von Neuronen in unserem Gehirn. Es handelt sich dabei um komplexe Manipulationen von neurologischen Schaltkreisen, die sich zu Netzwerken verbinden.

Um Sachverhalte zu verstehen, werden neue neuronale Netzwerke gebildet und mit bereits bestehenden verbunden. Wenn wir uns für eine von mehreren Alternativen entscheiden, entscheidet sich unser Gehirn für ein bestimmtes Netzwerk und lässt die anderen außen vor. Im Langzeitgedächtnis werden neuronale Netze bewusst verankert, damit wir uns später daran erinnern können. Um uns Vergangenes ins Gedächtnis zu rufen, durchsucht unser Gehirn Milliarden von bestehenden Netzwerken und versucht, das richtige zu aktivieren. Öfter als wir annehmen, ist es notwendig, dass wir Netzwerke aktiv nicht aufrufen, sie also daran hindern, in unser Bewusstsein zu gelangen. Das ist beispielsweise dann der Fall, wenn wir uns intensiv auf eine Sache konzentrieren und andere Gedanken bewusst hemmen, damit sie uns nicht in unserer Konzentration stören. Wenn Sie sich momentan voll auf das Lesen dieses Buches konzentrieren, kann es vorkommen, dass Ihre Gedanken dennoch abschweifen und Ihnen plötzlich klar wird, dass Sie gar nicht mehr genau wissen, was Sie soeben gelesen haben. In diesem Fall funktioniert Ihre Hemmfunktion nicht ausreichend.

Bei all den Prozessen ist der präfrontale Cortex in hohem Ausmaß beteiligt. Er vollbringt während der Arbeit eine Riesenleistung. Denn bei der Bearbeitung von komplexen Aufgaben, bei der Planung, bei der Problemlösung und bei der zwischenmenschlichen Kommunikation werden die oben beschriebenen Funktionen nicht bloß einzeln ausgeführt, sondern immer wieder neu und fortlaufend miteinander kombiniert [3]. Das braucht Energie. Viel Energie.

### Unfälle und Krankheiten als Offenbarungen für die Gehirnforscher

In der Geschichte der Gehirnforschung erhielten die Wissenschaftler nicht selten aufgrund von unfall- oder krankheitsbedingten Schädigungen von Gehirnregionen neue Erkenntnisse über deren Funktionsweise. So war es auch beim präfrontalen Cortex. Erste Beschreibungen gehen bis ins Jahr 1848 zurück. Damals war der Vorarbeiter Phineas Gage damit beschäftigt, eine Sprengladung mittels eines Stopfeisens in einen Felsen zu treiben. In diesem Moment explodierte die Ladung und trieb den Metallstab mit einem Durchmesser von zweieinhalb Zentimetern in seinen Kopf. Dabei wurde der Großteil seines präfrontalen Cortexes zerstört, doch wie durch ein Wunder überlebte er den Unfall. Mit verheerenden Folgen für seine Persönlichkeit. Er war nicht mehr wiederzuerkennen. Der einst fröhliche, umgängliche und verantwortungsvolle Typ war von nun an nur noch taktlos, jähzornig und ordinär. Er hatte seine Impulse nicht mehr unter Kontrolle, verließ seine Familie und trieb fortan ziellos durch sein Leben [1].

Studien aus der heutigen Zeit belegen, dass impulsives Verhalten, Gereiztheit sowie beharrliches Wiederholen von Wörtern oder Bewegungen typische Merkmale sind von Patienten mit einer Schädigung des präfrontalen Cortexes. Ebenso werden weitere Persönlichkeitsveränderungen beschrieben wie depressive Stimmung und kognitive Schwierigkeiten, mangelnde Selbstkontrolle und Schwierigkeiten im sozialen Umgang [4].

**Aggression und Gewalt**
Schädigungen am präfrontalen Cortex können die moralische Urteilskraft stören und die Verletzung von Regeln fördern. Auch Dysfunktionen ohne augenscheinliche Schäden können dazu führen, dass Betroffene ein erhöhtes Aggressions- und Gewaltpotenzial haben. In einer Vielzahl von Studien mittels bildgebenden Verfahren stellten die Wissenschaftler fest, dass bei impulsiver Gewalttätigkeit die Regionen des präfrontalen Cortexes ebenso betroffen sind wie die Amygdala und der Hippocampus, also das limbische System. Ist die regulierende Funktion des präfrontalen Cortexes beeinträchtigt, führt das zu erhöhten Affekthandlungen und impulsiver Aggressivität [5].

Wir können zwar überleben, wenn unsere Kommandozentrale geschädigt ist, doch für ein sozialverträgliches Leben ist ein normal funktionierender präfrontaler Cortex unabdingbar.

## 1.2.2   Was uns einschränkt

Obwohl unser Gehirn nur zwei bis drei Prozent des Körpergewichts ausmacht, bezieht es rund 20 % unseres Blutumsatzes und sogar 70 % der gesamten *Glucose*, die wir aufnehmen. Wenn unser Gehirn auf Hochtouren arbeitet, benötigt es pro Gewichtseinheit mehr Energie als unsere Oberschenkelmuskulatur während eines Marathonlaufs! [1].

Einen Großteil der Energie verbraucht der präfrontale Cortex, weil hier die größten mentalen Anstrengungen stattfinden. Der Cortex verzehrt Unmengen an *Sauerstoff* und *Glucose*. Wenn wir intensiv nachdenken, sinkt unser Blutzuckerspiegel markant ab. Das ist nicht weiter schlimm, die Energie lässt sich dem Körper wieder zuführen. Allerdings entstand unser Gehirn zu einer Zeit, in der die Stoffwechselressourcen rar waren. Daher wollen unser Organismus und auch unser Gehirn den Ressourcenverbrauch stets minimieren. Daniel Kahneman, israelisch-US-amerikanischer Psychologe und Nobelpreisträger, bezeichnet deshalb dieses Denksystem als „faul". Auch weil sich das Gehirn schnell mit etwas zufrieden gibt und nur über eine eingeschränkte Kapazität verfügt [6].

Hier liegt eine der Grenzen unseres Gehirns. Problemlösen, intensives Nachdenken, Entscheidungen treffen, komplexe Zusammenhänge verstehen, Aufgaben planen und selbst die zwischenmenschliche Kommunikation – kurz alle Prozesse, bei denen der präfrontale Cortex involviert ist, sind eine begrenzte Ressource. Wir erschöpfen unsere mentalen Ressourcen schnell und ermüden dementsprechend rasch. Hohe Konzentration ist nur über einen beschränkten Zeitraum möglich.

Was können wir tun? Wir werden im Kap. 2 sehen, wie Sie den Energieverbrauch gezielt senken und mit der Ressourcenbeschränkung geschickt umgehen, um effektiver und effizienter zu agieren und weniger schnell zu ermüden.

## Energiequellen für unser Gehirn: Glucose und Sauerstoff

Die Hauptenergiequelle für unser Gehirn bildet die *Glucose* (Einfachzucker, Traubenzucker). Sämtliche Kohlenhydrate, die wir zu uns nehmen, werden beim Verdauungsprozess in diese Zuckerart umgewandelt. Über den Dünndarm werden sowohl Glucose wie auch andere Stoffwechselprodukte ins Blut aufgenommen und mithilfe des Kreislaufs in alle Zellen des Körpers verteilt. In den Zellen werden die Zuckermoleküle zerlegt und die darin gespeicherte Energie gewonnen.

Bei der Energieverwertung ist *Sauerstoff* unverzichtbar. Er enthält selber keine Energie, ist jedoch Voraussetzung, damit die Energie aus den Nährstoffen gewonnen wird. Innerhalb der Zellen wird er für die biologische Verbrennung (*Oxidation*) benötigt. Diese biochemische Reaktion verläuft mehrstufig und sorgt dafür, dass wir die Energie aus den Nährstoffen verwerten können.

Eine weitere Einschränkung: Unser Gehirn verfügt zwar über eine gigantische Verarbeitungskapazität, doch bei anspruchsvollen Tätigkeiten arbeitet unser Gehirn seriell und macht genau einen Schritt nach dem anderen. Unser Gehirn ist nicht in der Lage, mehr als schätzungsweise zwei Prozent seiner Neuronen gleichzeitig zu aktivieren. Sonst steigt der Glucose-Verbrauch derart stark und rasch an, dass wir ohnmächtig werden.

Wir können nur bei einfachen, routinierten Aufgaben mehrere Dinge gleichzeitig tun. Jeder der komplexen Gehirnprozesse benötigt grundsätzlich dieselben Schaltkreise und steht somit in Konkurrenz zu den anderen Prozessen. Aus evolutionärer Sicht macht das Sinn. Bei unseren Vorfahren war ein Überleben nur möglich, wenn eine Bedrohung möglichst rasch als solche erkannt und richtig darauf reagiert werden konnte. Bei Gefahr mussten sämtliche Körpersysteme innerhalb kurzer Zeit fokussiert werden. Kampf oder Flucht hießen die Varianten, wenn man einmal vom Totstellen absieht. Ein Kampf um Leben und Tod konnte nur gewonnen werden, wenn die volle Konzentration des ganzen Organismus einschließlich des Gehirns auf die Gefahrenquelle gerichtet wurde. Wir Menschen haben folgerichtig eine ausgeprägte Fähigkeit entwickelt, uns auf eine Sache zu konzentrieren, alle unsere Sinne zu fokussieren und dafür andere Dinge zu vernachlässigen.

Die Einschränkung der bewussten Aufmerksamkeit auf einen Fokus wird beim Phänomen der Unaufmerksamkeitsblindheit sehr deutlich. Dabei geht es um die Nicht-Wahrnehmung von Objekten oder Sachverhalten aufgrund der eingeschränkten Verarbeitungskapazität unseres Gehirns.

Christopher Chabris und Daniel Simons, zwei US-amerikanische Psychologieprofessoren, belegen diese Blindheit mit ihren Experimenten zum „unsichtbaren

Gorilla" [7]. Zwei Mannschaften spielen sich während einigen Minuten je einen Ball zu. Die Probanden werden aufgefordert, die Pässe der einen Mannschaft zu zählen. In der Mitte der Spielsequenz überquert ein als Gorilla verkleideter Mensch das Spielfeld. Rund die Hälfte der Probanden sieht den Gorilla nicht, da die Versuchspersonen ihre volle Aufmerksamkeit und Konzentration dem Zählen der Pässe widmen. Ein eindrückliches Experiment und verblüffend für all jene, die es zum ersten Mal durchführen und den Gorilla nicht sehen. Wer jedoch weiß, dass ein Gorilla ins Bild kommen wird, der wird diesen mit hoher Wahrscheinlichkeit wahrnehmen.

Verblüffenderweise konnte der Sportwissenschaftler Daniel Memmert der Universität Heidelberg belegen, dass die Probanden den Gorilla im Durchschnitt eine Sekunde lang ansahen und dennoch nicht wirklich wahrnahmen. Er wiederholte das Experiment von Chabris und Simons und zeichnete dabei die Augenbewegungen auf. Dabei stellte er fest, dass der Gorilla nachweislich bei allen im Blickfeld war. Ins Bewusstsein gelangte er jedoch nur bei der Hälfte der Probanden [8].

Unsere Aufmerksamkeit ist mit einem Scheinwerfer vergleichbar, den wir darauf richten, was wir aktiv fokussieren. Für die Ereignisse außerhalb des Lichtkegels sind wir blind. Daher nennt sich dieses Phänomen die *Unaufmerksamkeitsblindheit*. Sie begrenzt das Potenzial unserer Aufmerksamkeit, was vielfältige Auswirkungen in unserem Alltag hat.

### 1.2.3   Die Basalganglien: Routineaufgaben meisterhaft erledigen

Abgesehen von den oben beschriebenen Einschränkungen verfügt unser Gehirn über enorm hohe Verarbeitungskapazitäten. Maßgeblich beteiligt sind hierbei die sogenannten *Basalganglien*. Unter diesem Begriff werden mehrere Kerngebiete des Gehirns zusammengefasst, die für wichtige Aspekte motorischer, kognitiver und limbischer Regelungen von großer Bedeutung sind.

Vereinfacht gesagt: Hier verarbeitet unser Gehirn alle Routineaktivitäten und wiederkehrenden Muster. Oder um in der Denke von Daniel Kahneman zu bleiben: Hier arbeitet das *schnelle Gehirn*. Die Basalganglien arbeiten im Hintergrund und sind sehr effizient in der Ausführung von Aktivitäten, die ohne bewusste Aufmerksamkeit möglich sind. Diese Tätigkeiten können durchaus von höherer Komplexität sein. Entscheidend ist, dass wir dafür Routine entwickeln. Das ist vergleichbar mit einer Art Festverdrahtung der Netzwerke in unserem Gehirn.

Ein typisches Beispiel einer komplexen, jedoch routinemäßig ausführbaren Tätigkeit ist das Autofahren. Sobald wir über Fahrroutine verfügen, können wir schier mühelos ein Auto durch den Verkehr lenken, uns an die Verkehrsregeln halten und das Zusammenspiel zwischen Gas, Kupplung und Bremse funktioniert wie von selbst. Gleichzeitig ist es uns möglich, der Musik aus dem Radio zu lauschen, unseren Gedanken nachzuhängen oder ein Gespräch mit der Person auf dem Beifahrersitz zu führen. Eine Tätigkeit wie das Autofahren zeigt uns die Leistungsfähigkeit der Basalganglien eindrucksvoll auf. Das Lenken eines Wagens ist keineswegs trivial und erfordert beim Erlernen höchste Konzentration und einiges an Koordinationsfähigkeiten. Aber innerhalb verhältnismäßig kurzer Zeit eignen wir uns so viel Routine an, dass wir auf uns bekannten Fahrstrecken wie von selbst und völlig mühelos mit dem Auto fahren, fast vergleichbar mit einem Autopiloten. Dafür benötigen wir nur sehr wenige Gehirnressourcen, wir ermüden erst nach längerer Fahrt und die Beschränkung der Aufmerksamkeit stört uns in keiner Art und Weise.

Sobald sich allerdings einige Variablen verändern und die Routine nicht mehr ausreicht, übernimmt augenblicklich die bewusste Aufmerksamkeit die Kontrolle. Das kann eine sehr unübersichtliche Verkehrssituation sein oder eine fremde Stadt. Stellen Sie sich vor, Sie fahren mit einem Mietwagen durch London. Nun können Sie auf Ihre eingeübten Routinen nicht mehr zählen, sofern Sie nicht in regelmäßigen Abständen ein Auto durch London lenken. Sie fahren auf der für Sie ungewohnten linken Straßenseite. Sie schalten mit der linken Hand, Blinker und Scheibenwischer sind seitenverkehrt angebracht. Die unbekannte Großstadt benötigt Ihre volle Aufmerksamkeit, um den richtigen Weg zu finden. An ein angeregtes Gespräch mit dem Beifahrer ist da überhaupt nicht mehr zu denken. Selbst die Musik aus dem Autoradio wirkt in dieser Situation für viele störend und lenkt ihre Konzentration ab.

Dabei ist Autofahren an sich Routine. Aber nur wenn viele Faktoren Gewohnheit sind, reicht unsere Festverdrahtung im Gehirn aus, um im „Autopilotenmodus" die Situationen erfolgreich und unfallfrei zu meistern. Andernfalls muss der präfrontale Cortex eingreifen und das Kommando übernehmen.

### Autofahren unter geteilter Aufmerksamkeit

Es gibt Autofahrer, die sind fest davon überzeugt, sie könnten ihr Auto lenken und gleichzeitig telefonieren. Oder sogar Kurznachrichten schreiben während des Fahrens. Dadurch überfordern sie definitiv ihr Gehirn und gefährden sich und die übrigen Verkehrsteilnehmer hochgradig. Die Reaktionsgeschwindigkeit sinkt erwiesenermaßen, das Bremsverhalten wird massiv schlechter. Und zwar in gleichem Ausmaß, wie wenn sie einige Promille Alkohol im Blut hätten.

Auch wenn Telefonieren und Autofahren an sich routinierte Tätigkeiten sind, bedürfen sie je eines Teils der begrenzten Aufmerksamkeit. Dadurch steigt die Wahrscheinlichkeit, dass uns etwas Unerwartetes entgeht. Chabris und Simons haben herausgefunden, dass es einen wesentlichen Unterschied macht, ob Ihr Gesprächspartner während der Autofahrt neben Ihnen sitzt oder am anderen Ende der Telefonleitung. Es spielt dabei nicht einmal eine große Rolle, ob Sie per Freisprecheinrichtung telefonieren oder das Telefon mit der Hand ans Ohr halten. Denn die motorischen Fähigkeiten spielen hier eine untergeordnete Rolle.

Die Gründe liegen anderswo: Die Unterredung erfordert weniger Aufwand, wenn die Beteiligten im selben Raum sind. Gleichzeitig können die Mitfahrer auf gefährliche Situationen aufmerksam machen. Den größten Einfluss hat jedoch die soziale Erwartung. Wer im selben Wagen sitzt, nimmt die momentane Verkehrssituation simultan mit dem Fahrer wahr. Geraten Sie in eine außergewöhnliche Lage, bekommt der Beifahrer dies sofort mit und hat volles Verständnis, dass die Unterredung plötzlich abbricht, weil Sie die gesamte Aufmerksamkeit auf den Verkehr lenken und reagieren müssen. Anders beim Telefonat. Hier besteht die Erwartung an ein flüssiges Gespräch und an eine ungeteilte Aufmerksamkeit des Gegenübers. Diese Erwartungshaltung zieht von der begrenzten Ressource der Aufmerksamkeit nachweislich zu viel ab und erhöht dadurch das Unfallrisiko [7].

## 1.3  Den eigenen Dirigenten bewusst aktivieren und einsetzen

Ein Dirigent leitet ein Orchester oder einen Chor, er ist für die technische und künstlerische Koordination zuständig, und er verfügt über die gestalterische Hoheit bei der Interpretation eines Stückes.

Genau darum geht es im Zusammenhang mit unserem Gehirn. Wir können unsere „Stimmen" und Instrumente besetzen, wir können vieles ausgestalten und dadurch uns und unser (Arbeits-)Verhalten maßgeblich prägen. Wir interpretieren und gestalten unser Stück mit dem Titel „Meine Persönlichkeit, mein Leben". Dazu müssen wir unseren eigenen Dirigenten bewusst aktivieren. Immer und immer wieder. Egal wie Sie Ihre persönliche Leitstelle benennen: Sie haben es in der Hand respektive in Ihrem Gehirn.

Unser Gehirn verfügt über eine bemerkenswert flexible Verdrahtung. In der Neurophysiologie und in der Neuroanatomie gilt der Grundsatz: „What fires together, wires together". Wenn neuronale Strukturen gemeinsam feuern, vernetzen sie sich miteinander und bauen eine gemeinsame Infrastruktur auf. Mit jeder neuen Verdrahtung wird die Informationsübertragung in unserem Gehirn effizienter. Und je öfter wir dasselbe Netzwerk nutzen, desto leistungsfähiger wird es. Das Gehirn wird dadurch modelliert und verfügt somit über ungeheure Möglichkeiten. Dank bildgebenden Verfahren lässt sich sichtbar machen, dass sich unser Gehirn ähnlich wie ein Muskel verhält. Es wird umso größer und komplexer, je mehr wir von ihm verlangen. Jeder Mensch in jedem Alter kann sein Gehirn immer wieder neu verdrahten. Zum Beispiel indem er sich für das Erlernen einer neuen Fremdsprache entscheidet.

Gleichzeitig gilt jedoch auch: „Use it or loose it". Wenn nur ein Neuron feuert und das andere nicht, wird die Infrastruktur abgebaut, die mentalen Netzwerke bilden sich zurück.

Mit anderen Worten: Je nachdem, worauf wir unseren Fokus richten, werden unterschiedliche Hirnregionen aktiviert, die sich in der Folge miteinander vernetzen, vorausgesetzt wir lenken unsere Aufmerksamkeit immer wieder darauf. So verändert die Verlagerung unserer Achtsamkeit auf längere Sicht gesehen sogar die Funktionsweise unseres Gehirns.

**Nicht gebrauchte Gehirne schrumpfen – häufig benutzte Hirnregionen wachsen**
Bereits Charles Darwin stellte in seinen Untersuchungen fest, dass die Gehirne von gezähmten Tieren in Gefangenschaft um 30 bis 50 % leichter waren als jene ihrer freilebenden Artgenossen. In der freien Wildbahn herrscht eine unwirtliche und harte Realität. Genau diese zwingt die Tiere dazu, sich stets anzupassen, zu lernen, mit neuen Situationen umzugehen und dadurch ihr Gehirn regelmäßig einzusetzen. In Gefangenschaft hingegen verkümmert das Gehirn der Tiere teilweise.

Auch beim Menschen beobachtet man dieses Phänomen, beispielsweise bei Musikern. Jedes Hirngebiet, das in die Kontrolle, in die Motorik, in die Wahrnehmung und Kognition der Musik eingebunden ist, verändert sich bei Profimusikern anatomisch in seiner Struktur. Professionelle Violinisten besitzen ein sonderbares Gehirn. Ihre linke Hand muss außerordentlich schwierige und komplexe feinmotorische Fähigkeiten entwickeln. Die Gehirnregionen, die diese Motorik steuern, sind ganz besonders ausgeprägt und regelrecht angeschwollen. Jene, die für die Steuerung der rechten Hand zuständig sind, bleiben hingegen durchschnittlich groß. Die rechte Hand muss ja „bloß" den Bogen über die Saiten streichen. Dieselben plastischen Veränderungen im Gehirn sind bei allen Menschen möglich, unabhängig davon, wie musikalisch sie sind. Wann immer Sie eine neue Tätigkeit ausüben und regelmäßig trainieren, beispielsweise eine Stunde pro Tag über einen Zeitraum von drei Monaten, können in Ihrem Gehirn anatomische Veränderungen sichtbar gemacht werden [1].

Je besser wir verstehen, wie unser Gehirn funktioniert, desto bewusster entscheiden wir über den Einsatz unseres Denkorgans. Wir erhalten die Macht, unsere Gewohnheiten schrittweise zu verändern und unser Verhalten zu optimieren, wir werden immer mehr und immer bewusster zu unserem eigenen Dirigenten. Allerdings muss der Dirigent tief in Ihrem Gehirn verankert sein, damit Sie ständig daran denken, ihn zu aktivieren. Dabei helfen Ihnen Ihre Selbstkontrolle und das Konzept der Achtsamkeit.

## 1.3.1  Die Rolle der Selbstkontrolle

Um unsere Aufmerksamkeit zu lenken, ist eine ausgeprägte Selbstkontrolle gefragt. Wir müssen unseren Aufmerksamkeitsscheinwerfer stets fest im Griff halten, sonst schwenkt er ziellos hin und her, beleuchtet in wirrer Reihenfolge mal dieses und mal jenes und lässt sich immer wieder ablenken.

Für konzentriertes Arbeiten braucht es entsprechende Selbstkontrolle. Auch sie wird vom präfrontalen Cortex gesteuert und es bedarf einiger mentaler Anstrengung, um sie über einen längeren Zeitraum aufrecht zu erhalten. Doch diese Mühe lohnt sich.

Bereits vor über 40 Jahren begann der österreichisch-US-amerikanische Persönlichkeitspsychologe Walter Mischel mit der Erforschung der Selbstkontrolle bei Kindern. Er entwickelte hierfür eines der bedeutendsten Experimente der Psychologie, welches als „Marshmallow-Test" in die Geschichte einging [9].

Mischel und seine Kollegen präsentierten einem Kind im Vorschulalter einen Teller mit Süßigkeiten, unter anderem mit Marshmallows. Der Versuchsleiter teilte dem Kind mit, dass er für einige Minuten das Zimmer verlassen müsse und es allein zurückbliebe. Er stellte das Kind vor die Wahl, bis zu seiner Rückkehr zu warten, was mit zwei Marshmallows belohnt wurde. Konnte das Kind nicht warten, läutete es mit einer Glocke und erhielt daraufhin einen Marshmallow. Dieser lag die ganze Zeit auf dem Tisch vor dem Kind. Ansonsten war der Raum leer, es gab keinerlei Ablenkungsmöglichkeiten durch Spielsachen oder dergleichen. Was für ein schreckliches Dilemma für diese jungen Versuchsteilnehmer!

Die Probanden wurden durch einen Einwegspiegel beobachtet. Sobald eines der Kinder Anzeichen von Stress zeigte, wurde der Versuch unmittelbar abgebrochen. Rund die Hälfte schaffte es, die ganzen 15 Minuten zu warten. Die meisten von ihnen verfolgten die Strategie, sich irgendwie selber abzulenken und die Aufmerksamkeit bewusst nicht auf die vor ihnen liegende Süßigkeit zu richten.

Der erstaunlichste Teil des Versuchs folgte mehr als zehn Jahre später. Ein Großteil der Versuchsteilnehmer wurde von ihren Eltern eingeschätzt. Wem es gelang, als Kind 15 Minuten auf eine größere Belohnung zu warten, war nach Einschätzung der Eltern signifikant sozialkompetenter, konnte mit Frustrationen wesentlich besser umgehen und Versuchungen wie dem Alkohol eher widerstehen. Die sprachlichen Fähigkeiten waren ausgeprägter, sie argumentierten gehaltvoller und ideenreicher. Sie konnten sich besser konzentrieren, waren aufmerksamer und geschickter. Sie planten Vorhaben besser, gingen mit Stresssituationen gelassener um und wirkten auf ihr Umfeld viel selbstsicherer. Alle diese Unterschiede waren signifikant hoch. Zudem schnitten sie bei Intelligenztests mit höheren Werten ab.

Waren diese Kinder schlicht intelligenter als ihre Altersgenossen? Die Intelligenz spielt mit Sicherheit auch eine Rolle. Doch die Untersuchungen von Mischel und seinen Kollegen zeigen, dass sich die gefundenen Unterschiede nicht allein auf die schulspezifischen Kompetenzen zurückführen lassen, die bei den Intelligenztests gemessen wurden. Offensichtlich ist die Fähigkeit, die eigene Aufmerksamkeit durch eine hohe Selbstkontrolle zu beherrschen, nicht zu unterschätzen. Ganz im Gegenteil. Denn weitere Studien belegen, dass für die Vorhersage von beruflicher Leistung einzig die Messung der intellektuellen Fähigkeiten und der individuellen Selbstregulationsstärke brauchbare Ergebnisse liefern.

## Zwei Systeme im Wettstreit miteinander

Wer seine Gedanken und Impulse als Erwachsener im Griff hat, verfügt über eine Kompetenz, die sich markant auf das eigene Verhalten und auf die gesamte Persönlichkeit auswirkt sowie auf den beruflichen Erfolg. Wie funktioniert die Selbstkontrolle? Wie lässt sie sich beeinflussen und ausbauen?

Bei der Selbstkontrolle sind zwei Systeme in unserem Gehirn beteiligt, die wir bereits kennengelernt haben: das limbische System als Teil der Basalganglien und der präfrontale Cortex. Das limbische System ist für unsere Impulse verantwortlich. Es reagiert auf die Verlockungen und Versuchungen des Alltags sehr rasch, da es nach Wohlfühlen, Vergnügen, Freude und Befriedigung strebt. Der momentane Spaß steht im Vordergrund. Dabei setzt es routinierte Verhaltensmuster in Gang, was unseren Drang verstärkt, den Verlockungen nachzugeben. Wir lassen uns sehr leicht von angenehmen Reizen ablenken und fühlen uns von ihnen wie magisch angezogen, denn diese Reize sprechen unsere Bedürfnisse nach Wohlergehen an, Sehnsüchte, die tief in uns verankert sind. Dazu zählen heute nicht nur körperliche Bedürfnisse wie Schlaf, Ernährung und Sex, sondern ebenso der Medienkonsum, die Lust, fernzusehen, unsere E-Mails zu checken oder im Internet zu surfen. Das fand Wilhelm Hofmann in etlichen seiner Studien über die Selbstkontrolle heraus, siehe die Hintergrundinformation weiter unten.

Neben dem soeben beschriebenen impulsiven System haben wir ein zweites, das sogenannte reflektierende System, welches vom präfrontalen Cortex, unserer Kommandozentrale, gesteuert wird. Das reflektierende System hat klare Absichten, wägt ab, bewertet und steuert unser Verhalten sehr bewusst. Es verfolgt jene Ziele, die wir langfristig für gut und vernünftig halten.

Die beiden Systeme stehen bei jeder Verlockung in Konflikt zueinander und kämpfen um die Vorherrschaft. Gebe ich der Versuchung nach und lasse mich ablenken – oder bleibe ich standfest und verfolge meine Ziele? Surfe ich im Internet und chatte mit Freunden oder lenke ich meine Konzentration mit voller Energie auf die Arbeit, die es zu erledigen gilt? Gebe ich der Lust nach Schokolade nach oder halte ich Diät? Wie erfolgreich kämpfe ich nach dem Mittagessen im langweiligen Meeting gegen mein Schlafbedürfnis?

Es ist wie ein innerer Kampf zwischen dem rationalen Verstand und dem Bauchgefühl: Ich sollte nicht und doch möchte ich. Beide Systeme haben ihre Berechtigung, und für hochgradig vernetzte Prozesse wie die Kreativität brauchen wir beide gleichzeitig. Das reflektierende und das impulsive System zusammen sichern der Menschheit letztlich das Überleben und ihre Vormachtstellung. Auf einen einfachen Nenner gebracht: Ohne Ziele zu verfolgen gibt es keinen Fortschritt und ohne die körperlichen Bedürfnisse kein Überleben und keine Nachkommen. Keines der beiden Systeme ist schlechter oder besser, wichtiger oder unwichtiger als das andere. Wer in jeder erdenklichen Situation voller Selbstbeherrschung ist, wird alsbald als gefühlskalt und wohl eher als Roboter denn als menschliches Wesen wahrgenommen. Und wer nur den Verlockungen im Leben nachgibt, erreicht seine beruflichen Ziele höchstwahrscheinlich nicht. Der richtige Mix macht's aus. Es geht darum, je nach Situation sein Verhalten adäquat und bewusst lenken zu können. Wir wollen selber und aktiv bestimmen, ob wir nun die Selbstkontrolle aktivieren oder der wohligen Versuchung nachgeben, oder mit anderen Worten: Es geht darum, voll und ganz unser eigener Dirigent zu sein.

**Wie wir unsere Selbstkontrolle stärken und Verlockungen erfolgreicher widerstehen**

Wünsche und Bedürfnisse, die in Konflikt zueinander oder zu unseren Zielen stehen, sind in unserem Alltag allgegenwärtig. Dieser Konflikt ist ein Signal für uns. Nur wer dieses Signal und somit den inneren Konflikt frühzeitig erkennt, kann den Versuchungen im richtigen Augenblick widerstehen und sich beispielsweise nicht von der Arbeit ablenken lassen.

Die Lösung dieses inneren Konflikts ist ein komplexer Prozess. Es geht nicht bloß darum zu entscheiden, welches der beiden Systeme die überzeugenderen Argumente vorbringen kann, um unser Verhalten in die eine oder andere Richtung zu lenken. Denn einige Verhaltensweisen setzen sich trotz eines starken Wunsches und eines geringen inneren Konflikts nicht durch. Demgegenüber versagt unsere Selbstregulierung manchmal trotz hohem Widerstand des präfrontalen Cortexes und wir erliegen den Verlockungen. Wer schon einmal über einen längeren Zeitraum eine Diät einhalten wollte oder vergeblich versuchte, mit dem Rauchen aufzuhören, weiß, wovon die Rede ist. Rein rational betrachtet weiß heute jedes Kind, dass Rauchen schädlich ist und Unsummen kostet. Die sachlichen Argumente sind im Grunde bestechend. Doch das alleine reicht nicht aus.

Hofmann und sein Team haben Bedingungen gefunden, unter denen sich unser reflektierendes System, der präfrontale Cortex, besser durchsetzen kann, um die Ablenkungsimpulse zu verhindern [10]. Hier eine Auswahl:

- Verhindern Sie, dass Sie andauernd von den Verlockungen umgeben sind. Schaffen Sie sie aus Ihrem Blickfeld.
- Wer vor dem Handeln genügend Zeit zum Nachdenken findet, der erhöht die Chance, seine Selbstkontrolle bewusst zu aktivieren.

- Führen Sie sich immer wieder Ihre Ziele vor Augen und malen Sie sich aus, welche Vorteile Sie haben werden, wenn Sie die Ziele erreichen.
- Ein ausgeruhtes Arbeitsgedächtnis erhöht Ihre Willenskraft.

Eine Erfolg versprechende Strategie besteht also darin, sich den Versuchungen erst gar nicht auszusetzen, genügend Zeit zum Nachdenken zu haben und sich seine Ziele stets vor Augen zu halten.

**Unsere alltäglichen Versuchungen**
Wilhelm Hofmann von der University of Chicago untersuchte im Jahr 2011 mit einem Team von Psychologen, welchen Versuchungen wir heute vor allem ausgesetzt sind und wie intensiv wir sie wahrnehmen. Mehr als zweihundert Versuchspersonen zwischen 18 und 55 Jahren mussten alle paar Stunden darüber informieren, welche tiefen Wünsche sie gerade hatten und ob sie dem Bedürfnis nachgaben oder nicht. Gleichzeitig mussten sie angeben, wie intensiv diese Bedürfnisse auftraten. Das erlaubte es den Wissenschaftlern, die Wechselwirkung zwischen der Stärke eines Wunsches und der inneren Gegenwehr zu untersuchen. Insgesamt untersuchten sie in dieser Studie 7827 Wünsche.

Fast die Hälfte der Wünsche (47 %) entfiel auf körperliche Bedürfnisse wie Essen, Schlafen und Trinken. Sie wurden nicht nur am häufigsten genannt, sondern auch als die intensivsten beschrieben. Danach kam bereits der Medienkonsum mit über acht Prozent der Nennungen, gefolgt vom Verlangen nach Freizeit, sozialen Kontakten, der Körperhygiene und dem Rauchen. Sex, Arbeit, Kaffee, Alkohol und sportliche Aktivitäten rangierten unter ferner liefen.

Nur gut sechs Prozent der Wünsche wurden als unwiderstehlich beschrieben. Im Durchschnitt widerstanden die Versuchsteilnehmer in 42 % der Fälle ihren Bedürfnissen aktiv. Am schwierigsten fiel es ihnen, weniger zu arbeiten oder ihre Mediennutzung einzuschränken. Die Vermutung der Psychologen: Über die Arbeit definieren sich viele Menschen und die wenigsten wollen sie aufs Spiel setzen für vermehrte Freizeitaktivitäten oder dergleichen. Beim Medienkonsum fällt es aufgrund der permanenten Verfügbarkeit von Internet, E-Mail, Handy und TV den Menschen schwer, dieser Versuchung zu widerstehen.

Wer häufig und erst vor Kurzem einer Verlockung widerstehen musste, erlag nachfolgenden Versuchungen viel häufiger, selbst wenn die jeweiligen Wünsche in keinerlei Zusammenhang zueinander standen. Die Selbstkontrolle scheint eine begrenzte Ressource zu sein, die abnimmt, je häufiger wir sie an einem Tag einsetzen [11].

## 1.3.2  Das Konzept der Achtsamkeit

Das Konzept der Achtsamkeit stammt ursprünglich aus der buddhistischen Lehre. Achtsamkeit meint eine bestimmte Form der Aufmerksamkeit: Wir sind voll und ganz im gegenwärtigen Augenblick. Unsere ganze Wahrnehmung und unser gesamtes Bewusstsein richten wir auf das Hier und Jetzt. Dabei bleiben wir völlig wertfrei, uns interessieren weder die Vergangenheit noch die Zukunft. Wir betrachten das Leben als eine Folge von Augenblicken.

Die Neurowissenschaft interessiert sich schon seit Längerem für die Erforschung der Achtsamkeit. Dabei geht es unter anderem um die Frage, wie wir Menschen unser Leben von einem Augenblick zum nächsten erleben und wie wir den Zustand der Achtsamkeit immer wieder aktivieren können, damit er zu einem Charakterzug wird. Norman Farb und weitere Psychologen der University of Toronto haben herausgefunden, dass wir zwei grundlegend verschiedene neuronale Schaltkreise nutzen, wenn wir mit unserer Umwelt interagieren: den narrativen Fokus ("narrative focus") und den augenblicklichen Fokus ("momentary experience") [12].

Wenn wir unsere Welt mit dem narrativen Fokus erleben, setzen wir das Erlebte in Verbindung mit Vergangenem, mit unserer eigenen Geschichte oder mit Vorstellungen über die Zukunft, in der das Wahrgenommene eine Rolle spielt. Wir interpretieren die Reize der Umgebung und vernetzen sie mit Abertausenden von Erlebnissen und Informationen, die in unserem Gehirn abgelegt sind.

Nehmen wir an, Sie sitzen gemütlich auf der Couch und schauen zum Fenster hinaus. Wenn der narrative Fokus aktiviert ist, verbinden Sie die momentanen Eindrücke mit Ihrer eigenen Situation. Wenn draußen der Herbstwind tobt, denken Sie vielleicht daran, wie schnell doch die Zeit vergeht und der nächste Winter nicht mehr weit ist. Oder Ihre Gedanken wandern zum Projektmeeting von kommender Woche, an welchem aufgrund von Verzögerungen über eine Verschiebung der Einführung diskutiert wird.

Falls sich Ihr Gehirn im augenblicklichen Fokus befindet, erleben Sie diese Situation auf Ihrer Couch ganz anders. Sie fühlen, wie entspannt Sie in diesem Moment sitzen, wie wohlig weich die Couch ist. Sie vergessen alles um sich herum, Zeit und Raum blenden Sie vollkommen aus und gehen völlig auf in diesem einzigartigen Moment.

Die Studie von Farb und seinen Kollegen zeigt, dass im augenblicklichen Fokus andere Hirnregionen aktiv sind als im narrativen. Es handelt sich dabei unter anderem um die Inselrinde und den *anteriore Gyrus cinguli*, siehe Abb. 1.2. Die Funktion der Inselrinde ist noch nicht vollständig erforscht. Ihr werden jedoch beispielsweise die Wahrnehmung von chemischen Reizen wie dem Geruchs- und dem Geschmackssinn und von körperlichen Empfindungen zugeschrieben. Der anteriore Gyrus cinguli hilft uns, bei sich widersprechenden Reizen eine Auswahl zwischen verschiedenen Verhaltensweisen zu treffen, und er steuert den Aufmerksamkeitsfokus.

Die beiden Fokusse stehen komplementär zueinander. Ist der eine besonders aktiv, rückt der andere in den Hintergrund. Kreisen Ihre Gedanken intensiv um das Projektmeeting von kommender Woche, funktionieren Ihre Sinnesorgane wie das Riechen und Schmecken nicht gleich gut. Oder wenn Sie ganz intensiv den Moment spüren, fällt es Ihnen viel leichter, Ihre Seele baumeln zu lassen und das auch

Gyrus cinguli

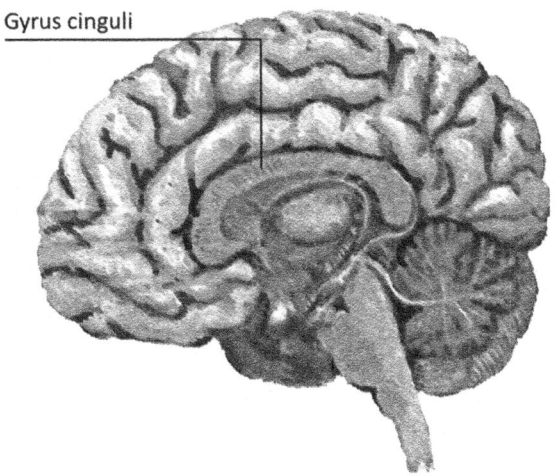

**Abb. 1.2**  Der Gyrus cinguli

bewusst wahrzunehmen. Der eine wie der andere Fokus lässt sich aktiv hervorrufen. Beispiele hierfür sind das tiefe Durchatmen oder der kurze Spaziergang an der frischen Luft, die besonders in hektischen Zeiten enorm gut tun.

**Eine kleine Achtsamkeitsübung für zwischendurch**
Setzen Sie sich auf die Kante eines Stuhls, stellen Sie beide Füße auf den Boden. Legen Sie Ihre Hände auf die Oberschenkel mit den Handflächen nach oben und schließen Sie die Augen. Bewegen Sie nun Ihr Becken langsam etwas nach vorne und wieder zurück. Spüren Sie Ihre Sitzknochen. Das ist jener Teil Ihres Beckens, auf welchem Sie sitzen.

Richten Sie nun Ihre volle Aufmerksamkeit auf Ihre Atmung. Atmen Sie bewusst ein und wieder aus. Anschließend schenken Sie Ihre Aufmerksamkeit Ihrem rechten großen Zeh, ohne diesen zu bewegen. Wandern Sie alsdann zu Ihrem rechten kleinen Zeh. Nachher zum linken großen Zeh. Und zum linken kleinen Zeh. Achten Sie hinterher auf Ihre Fußsohlen. Und wiederum auf Ihre Atmung. Richten Sie nun die Aufmerksamkeit neuerlich auf den gesamten Raum, in welchem Sie sich befinden, öffnen Sie die Augen und machen Sie es sich bequem.

Diese kleine Übung dauert nur ein paar wenige Minuten und eignet sich hervorragend, um die Achtsamkeit auch während eines Arbeitstages zu aktivieren. Sie verbessert Ihre Körperhaltung, Ihre Wirbelsäule und regt sogar Ihr Immunsystem an.

Achtsamkeit lässt sich trainieren und mit Leichtigkeit in den Alltag integrieren. Versuchen Sie, hie und da achtsam zu essen, Ihre Aufmerksamkeit also ungeteilt der Nahrungsaufnahme zu widmen. Ihre Verdauung wird es Ihnen danken.

Ein New Yorker Restaurant hat vor einiger Zeit ein Redeverbot eingeführt. Das angebotene Viergangmenü darf nur genießen, wer während des gesamten Essens kein Wort spricht. Der Genuss steht im Mittelpunkt, die Gäste sollen das Essen ganz bewusst wahrnehmen. Wer das Schweigegebot bricht, muss das Lokal verlassen. Das Restaurant wird regelrecht überrannt und avancierte innerhalb kurzer Zeit zum angesagten Szenelokal. Gäste sprechen von einem tiefenentspannten Esserlebnis, das seinesgleichen sucht.

Auch andere Tätigkeiten des täglichen Lebens lassen sich voller Achtsamkeit ausführen. Regelmäßiges Üben der Achtsamkeit erhöht Ihre Fähigkeit, mit Belastungen umzugehen, verleiht Ihnen größere Gelassenheit, eine höhere subjektive Lebensqualität und eine bessere Selbst- und Fremdwahrnehmung.

## 1.4   Wohin wollen wir unser Gehirn weiterentwickeln?

Die zentralen Entwicklungsschritte unseres Gehirns sind irgendwann nach dem 20. Lebensjahr abgeschlossen, die Feinabstimmung dauert noch über das 40. Lebensjahr hinaus. Auch wenn die Grundlagen da sind, so lässt sich unser Gehirn aufgrund seiner plastischen Modellierung und der stetigen Neuverdrahtung ständig weiterentwickeln. Selbst im fortgeschrittenen Alter lässt sich eine neue Sprache erlernen oder ein Musikinstrument – wenngleich das mit mehr Aufwand verbunden ist als beispielsweise während den Jugendjahren. Entscheidend ist letztendlich unsere Begeisterung für etwas. In jedem von uns steckt von Natur aus ein kleiner Entdecker. Dieser Forscherdrang hilft uns Menschen seit der Evolution beim Lösen von Problemen.

### Wie sich unser Gehirn in den ersten menschlichen Lebensphasen entwickelt

Bei der Geburt besitzt ein Säugling in etwa gleich viele Nervenverknüpfungen wie ein Erwachsener. Das ändert sich schnell. Mit drei Jahren hat sich die Anzahl der Verbindungen in einigen Gehirnregionen mehr als verdoppelt, teilweise sogar verdreifacht. Auch das bleibt nicht lange so. Denn bis zum achten Lebensjahr wird ein Großteil der Verknüpfungen wieder gekappt. „Use it or loose it" gilt bereits im Kindesalter. Das Gehirn eines achtjährigen Kindes weist wieder ungefähr gleich viele Nervenverknüpfungen auf wie jenes eines erwachsenen Menschen.

So ab elf, zwölf Jahren beginnt das Ganze wieder von vorn und es fängt eine enorm spannende und einschneidende Zeit an: die Pubertät. Wer pubertierende Kinder hat, erfährt tagtäglich, wie intensiv diese Zeit ist. Das hat zu einem wesentlichen Teil mit dem Gehirn zu tun. Denn da entsteht eine regelrechte Großbaustelle. In einem chaotischen Prozess entwickeln sich Gehirnbereiche innerhalb kurzer Zeit, es herrscht ein hektisches Verbinden und Abbauen. Die Kontrolle von Emotionen und Impulsen oder die Fähigkeit, Auswirkungen des eigenen Verhaltens richtig abschätzen zu können, entwickeln sich in der Pubertät erst, weil Regionen wie der Frontalcortex in dieser Phase zunächst heranreifen und durch Erfahrung und Lernen entsprechend modelliert werden müssen. Mit anderen Worten: Aufgrund der Baustelle in ihrem Gehirn können Pubertierende oftmals gar nicht anders als sich so zu verhalten, wie sie es eben tun. Das erklärt zwar so manches, eine Generalentschuldigung für Pubertierende ist das jedoch nicht. Aber eine Aufforderung an uns Erwachsene, den Jugendlichen Lernerfahrungen zu ermöglichen, welche die Reifung des Frontalcortexes fördern. Konkret bedeutet das beispielsweise, Jugendlichen schrittweise und altersgerecht immer mehr Verantwortung zu übertragen und gleichzeitig beim Aufzeigen von Grenzen konsequent zu bleiben.

Gemäß Gerald Hüther, deutscher Professor für Neurobiologie und Autor zahlreicher Bestseller zu neurobiologischen Themen, wirkt die Begeisterung wie Dünger für unser Gehirn [13]. Menschen lernen nur das, was für sie wirklich wichtig ist und wofür sie sich aus sich selbst heraus begeistern. Nur dann lenken wir unsere volle Aufmerksamkeit auf das angestrebte Ziel. Wenn uns etwas wirklich bedeutsam erscheint, sind wir in der Lage, andere Bedürfnisse in den Hintergrund zu schieben oder zu unterdrücken. Unsere Selbstkontrolle ist in Höchstform. Und auch neurobiologisch läuft unser Gehirn hochtourig: Bei totaler Begeisterung wird im Mittelhirn ein richtiger Cocktail von Botenstoffen ausgeschüttet: *Adrenalin, Noradrenalin, Dopamin, Endorphine* und *Enkephaline* – um nur die bekanntesten zu nennen. Das Signal der Begeisterung wird so bis in die Zellkerne weitergeleitet.

▶      Ob wir uns für etwas begeistern oder nicht, hängt letztlich von unserer
       subjektiven Bewertung ab.

## 1.5   Meine Werte: Was ist mir persönlich am Wichtigsten?

Die australische Krankenschwester Bronnie Ware begleitete während mehreren Jahren Sterbende auf der Palliativstation eines Krankenhauses im Südosten Englands. Ihre Erfahrungen bei der Betreuung von todkranken Menschen hielt sie in

einem Buch fest, in welchem sie jene fünf Dinge beschreibt, die Sterbende im Rück-
blick auf ihr Leben am meisten bereuen [14]. Wie Sie richtig vermuten, finden sich
keinerlei materiellen Dinge darunter. Auch verpasste Karrierechancen suchen Sie
vergebens.

Fast alle Menschen bedauern, dass sie nicht den Mut gehabt haben, ihr eigenes
Leben zu leben. Bronnie Ware schreibt von vielen Menschen, die durchs Leben
gehen und nicht den Mut aufbringen, ihr eigenes Leben zu leben. Sie tun die meiste
Zeit Dinge, von denen sie glauben, sie tun zu müssen, weil andere sie von ihnen
erwarten.

„Ich habe in meinem Leben zu viel gearbeitet und zu wenig wirklich gelebt",
sagten alle Männer, die Ware gepflegt hat. Aus Angst um ihre Karriere oder des
Geldes wegen konzentrierten sie sich zu sehr auf den Beruf. Viele Menschen haben
Ware anvertraut, dass sie ihre Gefühle zu wenig zum Ausdruck brachten und sie
um des Friedens willen unterdrückten. Die Folge: Sie lebten mehr schlecht als recht.
Mittelmäßig. Und schöpften ihr eigentliches Potenzial gar nie aus.

Vor lauter Geschäftigkeit vernachlässigten viele der Betreuten ihre Freunde und
bedauern in den letzten Stunden ihres Lebens, dass sie nicht mehr Zeit mit jenen
Menschen verbrachten, die ihnen wichtig waren. Viele Menschen erlauben sich
gar nicht, richtig glücklich zu sein. Sie stecken in ihren Gewohnheiten und Mus-
tern in ihrer Komfortzone fest. Vor allem die späte Einsicht macht die Patienten
zutiefst unglücklich. Dabei haben wir alle die Freiheit zu wählen. Ware betreute
auch Menschen, die ohne Reue und mit einem Lächeln auf dem Gesicht friedlich
einschliefen.

Welche späten Einsichten möchten Sie verhindern? Was erachten Sie persönlich
für als das Wichtigste? Und was sind Sie bereit, dafür zu tun?

**Übung zu meinen persönlichen Werten**
Stellen Sie sich die folgenden Fragen und denken Sie in aller Ruhe über Ihre
ganz persönlichen Antworten nach.
- Welche Werte sind in meinem Leben und bei meiner Arbeit so wichtig,
  dass ich mir wünsche, dass sie immer wieder erfüllt sind? Welches sind
  meine fünf wichtigsten Werte?
- Wenn Sie sich für nur einen Ihrer fünf Werte entscheiden müssten, welches ist der allerwichtigste? Welches der zweitwichtigste? Der
  drittwichtigste? Und so fort.

**Das Wichtigste in Kürze**

- Noch wissen wir nur sehr wenig über die detaillierte Funktionsweise unseres Gehirns, welches in seinen Grundstrukturen noch gleich aufgebaut ist wie vor zig tausend Jahren. Es ist auf das Überleben in der Wildnis ausgerichtet, hat unserer Spezies das Überleben gesichert und unsere Vormachtstellung ermöglicht.
- Für komplexe Denkaufgaben wie das Problemlösen, das Planen, die Aufgabenbewältigung und die Kommunikation wird unser präfrontaler Cortex intensiv genutzt. Er macht nur vier bis fünf Prozent unseres Gehirnvolumens aus und entwickelte sich entwicklungsgeschichtlich als letzte Gehirnregion.
- Der präfrontale Cortex unterliegt wichtigen Einschränkungen. Er verbraucht sehr viel mentale Energie, ermüdet rasch und will den Energieverbrauch wann immer möglich minimieren. Die bewusste Aufmerksamkeit können wir immer nur einer einzigen Sache auf einmal schenken. Komplexe Aufgaben werden seriell abgearbeitet.
- Für Routinetätigkeiten sind die Basalganglien zuständig. Ihre Möglichkeiten sind im Vergleich zum präfrontalen Cortex schier grenzenlos, da sie über eine immense Verarbeitungskapazität verfügen.
- Unsere Selbstkontrolle erfordert viel Anstrengung, sie ist jedoch eine Voraussetzung, um unsere Aufmerksamkeit zu lenken und unsere Konzentration hoch zu halten. Eine ausgeprägte Selbstkontrolle hat spürbare Auswirkungen auf unser Verhalten und auf viele Bereiche unserer Persönlichkeit.
- Wenn wir unsere Achtsamkeit trainieren, erhöhen wir dadurch unsere Fähigkeit, mit Belastungen umzugehen. Wir erlangen größere Gelassenheit, eine höhere subjektive Lebensqualität und eine bessere Selbst- und Fremdwahrnehmung.
- „What fires together, wires together". Neuronale Strukturen, die gemeinsam feuern, vernetzen sich miteinander. Somit verfügt das Gehirn über fantastische Möglichkeiten. Je mehr wir über die Funktionsweise unseres Gehirns kennen und je bewusster wir das Gehirn einsetzen, desto klarer und bestimmter werden wir zum Dirigenten unseres eigenen Gehirns.
- Das hängt insbesondere davon ab, wofür wir uns begeistern, was uns wichtig ist in unserem Leben und welche Werte wir leben.

# Literatur

1. Medina, J. (2008). *Brain rules. 12 principles for surviving and thriving at work, home and school.* Seattle: Pear.
2. Prof. Dr. rer. nat. Lutz Jäncke, Neurowissenschaftler, in einem Interview der Radiosendung „Input" von SRF3 vom 16.06.2013.
3. Rock, D. (2011). *Brain at work. Intelligenter arbeiten, mehr erreichen.* Frankfurt a. M.: Campus Verlag GmbH.
4. Küpers, B. (2007). Persönlichkeit und Persönlichkeitsstörung nach erworbener Hirnschädigung. Diplomarbeit, eingereicht an der Universität Osnabrück bei Prof. Dr. H. Schöttker und Prof. Dr. K. H. Wiedl.
5. Wahl, K. (2013). *Aggression und Gewalt. Ein biologischer, psychologischer und sozialwissenschaftlicher Überblick.* Heidelberg: Spektrum Akademischer.
6. Kahneman, D. (2012). *Schnelles Denken, langsames Denken.* München: Siedler.
7. Chabris, Chr., & Simons, D. (2011). *Der unsichtbare Gorilla. Wie unser Gehirn sich täuschen lässt.* München: Piper.
8. Memmert, D. (2006). The effects of eye movements, age and expertise on inattentional blindness. *Consciousness and Cognition, 15,* 620–627.
9. Mischel, W., et al. (1989). Delay of gratification in children. *Science, 244*(4907), 933–938.
10. Hofmann, W., Friese, M., Müller, J., & Strack, F. (2011). Zwei Seelen wohnen, ach, in meiner Brust. Psychologische und philosophische Erkenntnisse zum Konflikt zwischen Impuls und Selbstkontrolle. *Psychologische Rundschau, 62*(3), 147–166.
11. Hofmann, W., Baumeister, R. F., Foerster, G., & Vohs, K. D. (2012). Everyday temptations: An experience sampling study of desire, conflict, and self-control. *Journal of Personality and Social Psychology, 102,* 1318–1335.
12. Farb, N. A. S., Segal, Z. V., Mayberg, H., Bean, J., McKeon, D., Fatima, Z., & Anderson, A. K. (2007). Attending to the present: Mindfulness meditation reveals distinct neural modes of self-reference. *Social Cognitive and Affective Neuroscience, 2*(4), 313–122.
13. Hüther, G. (2013). *Was wir sind und was wir sein können.* Frankfurt a. M.: S. Fischer Verlag GmbH.
14. Ware, B. (2013). *5 Dinge, die Sterbende am meisten bereuen. Einsichten, die Ihr Leben verändern.* München: Arkana.

# Fünf Leitsätze für gehirngerechtes Arbeiten 2

*Zwischen Wichtigem und Unwichtigem zu unterscheiden,*
*bildet das Geheimnis jeden Erfolgs.*

Cyril Northcote Parkinson

Unser Gehirn ist geprägt von der Umwelt und den Überlebensstrategien unserer Vorfahren und gleichzeitig unheimlich modellierbar. Doch wie setzen wir unser Denkorgan bei der Arbeit ein, um seine enormen Möglichkeiten zu nutzen? Wie gehen wir mit den Einschränkungen unseres präfrontalen Cortexes um? Wie schaffen wir es, haushälterisch mit den Gehirnressourcen umzugehen und dennoch die hohen Anforderungen der Arbeitswelt zu erfüllen und Höchstleistungen zu erbringen?

Ausgehend von den Erkenntnissen der modernen Gehirnforschung, von Einsichten aus psychologischen Versuchsreihen und meiner persönlichen Arbeits- und Lebenserfahrung finden Sie in diesem Kapitel fünf Leitsätze für ein gehirngerechtes Arbeiten. Sie liefern Antworten auf die Fragen nach einem effektiven und effizienten Arbeitsverhalten, berücksichtigen die Einschränkungen des Gehirns und zeigen Möglichkeiten auf, wie Sie das Potenzial unseres Denkorgans optimaler nutzen.

Die Leitsätze stellen weder ein heilbringendes Elixier dar noch sind sie ein Patentrezept gegen alles Unheil der heutigen Arbeitswelt, vielmehr unterstützen sie Sie darin, Ihr Verhaltensrepertoire zu erweitern und dadurch Ihren Arbeitsalltag gelassener und erfolgreicher zu meistern.

J. Dietrich, *Gehirngerechtes Arbeiten und beruflicher Erfolg,*
DOI 10.1007/978-3-658-04862-4_2, © Springer Fachmedien Wiesbaden 2014

## 2.1　Leitsatz 1: Uneingeschränkte Konzentration auf den Moment

### 2.1.1　Vergessen Sie Multitasking

Wenn sich die unerledigten Aufgaben häufen und alle zeitgleich nach uns verlangen, sind wir versucht, durch Multitasking alles unter einen Hut zu bringen und effizienter zu werden. Viele sehen gar keine andere Lösung, als mehrere Aufgaben parallel und gleichzeitig zu erledigen. Neulich sagte eine Seminarteilnehmerin: „Ich muss ganz einfach auf Multitasking setzen, anders kann ich den riesigen Berg an Arbeit gar nicht bewältigen." Bringt uns das wirklich den erhofften Effizienz- und Zeitgewinn?

Wie wir in Abschn. 1.2.2 gesehen haben, arbeitet unser Gehirn bei anspruchsvollen Aufgaben seriell und macht genau einen Schritt nach dem anderen. Unser Denkorgan ist biologisch nicht in der Lage, zwei Dingen gleichzeitig die volle Aufmerksamkeit zu schenken. Oder versuchen Sie einmal, gleichzeitig zwei Rechenoperationen zu lösen, sagen wir zum Beispiel 32: 8 und 24 · 5. Zur gleichen Zeit und *nicht* nacheinander! Sie sehen: Das geht nicht.

▶　　Multitasking ist ein Mythos.

Wer das Multitasking dennoch scheinbar beherrscht, verfügt höchstens über ein gut trainiertes Arbeitsgedächtnis und schafft es schneller als andere, seinen Scheinwerfer der Aufmerksamkeit von einer Sache zur anderen zu schwenken und wieder zurück. Denn genau das geschieht beim vermeintlichen Mehrfachaufgabenerledigen. Unsere Aufmerksamkeit fokussiert in schneller Abfolge erst die eine Tätigkeit, dann die andere und wieder zurück. Sowohl die Qualität als auch die Geschwindigkeit der Aufgaben leiden nachweislich und wir ermüden sehr rasch, da der schnelle Wechsel sehr viele Stoffwechselressourcen verbraucht. Falls Sie in Kürze eine bleierne geistige Erschöpfung erleben möchten, dann versuchen Sie sich intensiv in Multitasking.

**Doppelaufgaben-Interferenz: Ein Experiment zur Multitasking-Fähigkeit**
Harold Pashler von der McMaster University in Hamilton, Kanada, wies seine Versuchspersonen an, so rasch wie möglich eines von zwei Fußpedalen zu drücken, abhängig davon, ob ein hoher oder ein tiefer Ton erklang. Das erfordert eine wache Aufmerksamkeit, gelingt jedoch mit etwas Übung mit einer hohen Reaktionsgeschwindigkeit.

Nach einigen Durchläufen mussten die Probanden gleichzeitig auf die Töne reagieren und eine Belegscheibe auf eine Schraube schieben. Eine simple motorische Anforderung und vermeintlich sehr einfach zu bewältigen. Doch was geschah mit der ersten Aufgabe? Die Leistung bei den Fußpedalen nahm um 20 % ab. Gar um 50 % sank die Leistung, wenn als zweite Aufgabe gleichzeitig einfache Additionen von einstelligen Zahlen zu lösen waren, wie beispielsweise 4 + 3. Und diese kinderleichten Rechenaufgaben wurden zudem sehr fehlerhaft gelöst [1].

Im Alltag möchten wir nicht so schnell wie möglich ermüden, ebenso wenig möchten wir fehlerhaft arbeiten, sondern die zahlreichen Aufträge effizient und in der geforderten Qualität erledigen. Und in vielen Alltagssituationen wünschen wir uns die uneingeschränkte Aufmerksamkeit unseres Gegenübers. Stellen Sie sich beispielsweise folgende Situation vor: Sie haben mit Ihrem Vorgesetzten einen Termin vereinbart für die Besprechung eines Anliegens, welches Ihnen sehr am Herzen liegt. Sie gehen in sein Büro und schließen die Türe hinter sich. Ihr Chef sitzt noch am Computer, schaut kurz auf und meint: „Setzen Sie sich bitte und schießen Sie schon mal los, ich muss nur noch rasch zwei E-Mails beantworten, aber ich höre Ihnen gerne zu, was Sie mir unterbreiten möchten. Ich bin ganz Ohr." Wie wohl ist es Ihnen in einer derartigen Situation? Es ist offensichtlich, dass unser Vorgesetzter alles andere als voll und ganz bei uns ist mit seiner Aufmerksamkeit. Dabei lebt er doch nichts anderes vor als „effizientes" Arbeiten mittels Multitasking.

## 2.1.2   Alles hat seine Zeit: Singletasking

Wenn Multitasking nicht funktioniert, was dann? Versuchen Sie es mit Singletasking! Ihr Gehirn ermüdet am wenigsten, wenn Sie sich auf eine einzige Sache konzentrieren können. Hohe Qualität und Geschwindigkeit lassen sich nur so erreichen. Sorgen Sie so oft es geht für Rahmenbedingungen, die genau das ermöglichen.

Es gibt eine Zeit für die Beantwortung von elektronischer oder anderweitiger Korrespondenz, es gibt eine Zeit für Telefonate, eine Zeit für Meetings, eine Zeit zum Problemlösen, eine Zeit zum Schreiben komplexer Konzepte, eine Zeit für Routineaufgaben und so weiter und so fort.

Diese Grundhaltung lässt sich auf sämtliche Lebensbereiche übertragen: eine Zeit zum Essen, eine Zeit für Gespräche, eine Zeit zum Ausruhen, eine Zeit um fernzusehen, eine Zeit zum Surfen im Internet, eine Zeit für Zweisamkeit. Die Liste lässt sich beliebig fortsetzen. Das verstehe ich unter Singletasking. Erledigen Sie konsequent eins nach dem anderen. Ihrem momentanen Tun widmen Sie Ihre volle Aufmerksamkeit ohne jegliche Ablenkung. Dadurch vertiefen Sie sich in die jeweilige Aufgabe, erreichen höchstmögliche Qualität und Effizienz, erledigen die Aufgaben in der kürzest möglichen Zeit und ermüden dabei weniger rasch.

Wenn wir bei zwischenmenschlichen Kontakten unserem Gegenüber unsere volle und ungeteilte Aufmerksamkeit bedingungslos schenken, treten wir ihm wertschätzend und respektvoll entgegen – ganz im Gegensatz zum Vorgesetzten im obigen Beispiel. Genau diese Hochachtung bringen wir mittels Singletasking unseren Mitmenschen und unserer Arbeit entgegen. Singletasking bringt uns dadurch viel Lebens- und Arbeitsqualität zurück. Denn ob der ständigen Erreichbarkeit ist vielen Menschen die Fähigkeit, restlos im Hier und Jetzt zu leben und uns vollständig zu konzentrieren, leider abhandengekommen. Dauernd online zu sein, bietet schlicht zu viele Möglichkeiten. Es ist verlockend, möglichst nichts zu verpassen, immer alles zeitnah mitzukriegen und gleichzeitig noch drei Arbeiten auf einmal zu erledigen. Oberflächlich und fehleranfällig zwar, doch dafür sind wir immer auf dem Laufenden.

Letztendlich haben wir die Wahl, ob wir unser Arbeitsgedächtnis überanstrengen und unser Gehirn rasch ermüden möchten, indem wir weiterhin versuchen, Multitasking zu betreiben und dabei in Kauf nehmen, dass wir unsere Aufgaben langsamer und in minderer Qualität erledigen. Oder ob wir das Singletasking bewusst in unseren Alltag integrieren wollen.

**Voraussetzungen für erfolgreiches Singletasking**
Singletasking braucht Abgrenzung, Sie müssen Störungen und Ablenkungen aktiv managen (Abschn. 2.2) und es bedeutet, dass Sie Aufgaben nur dann in Angriff nehmen, wenn Sie auch Zeit haben, sich ihnen voll und ganz zu widmen. Zwei Minuten bevor das nächste Meeting beginnt noch seine E-Mails zu checken, macht keinen Sinn, weil Sie sich den Nachrichten nicht mehr voll und ganz zuwenden können und keine Zeit bleibt zum Beantworten. Im Gegenteil. Die Botschaften bleiben in Ihrem Gehirn hängen, verbrauchen so unnötig Energie und stören Ihre Aufmerksamkeit während der Besprechung.

Singletasking benötigt eine entsprechende Planung. Versuchen Sie, Zeitblöcke zu bilden: Einen Block für die Arbeitsplanung, einen für konzeptionelle Arbeiten, einen, um Telefonate zu erledigen, einen für Besprechungen und einen, um E-Mails zu bearbeiten. Wechseln Sie Routinetätigkeiten jeweils ab mit einem Block, der Ihre höchste Aufmerksamkeit erfordert. Dieser Wechsel verschafft Ihrem Gehirn eine erholsame Verschnaufpause, je nach Aufgabenblock werden unterschiedliche Areale in Ihrem Gehirn aktiviert, während sich die anderen Teile erholen können.

▶    Ihr Gehirn braucht regelmäßig Pausen. Bilden Sie daher Arbeitsblöcke. Der Wechsel von einem zum nächsten Block lässt Ihr Gehirn verschnaufen.

Singletasking verlangt nach Selbstkontrolle und ist gelebte Achtsamkeit. Je achtsamer wir durch unser Leben gehen, desto mehr stärken wir unsere Willenskraft und setzen den Dirigenten in uns immer und immer wieder bewusst ein. Abgrenzung, Planung und die Einhaltung der Zeitblöcke sind ohne entsprechende Selbstkontrolle nicht durchführbar. Andererseits stärken wir unsere Willenskraft mit jedem erfolgreichen Singletasking und festigen dadurch unseren Dirigenten.

### 2.1.3 Prioritäten setzen hat die höchste Priorität

Prioritäten richtig zu setzen ist alles andere als einfach. In der praktischen Umsetzung ebenso wenig wie von der mentalen Energie her. Was ist wichtig und dringend? Welche Aufgaben sind zwar wichtig, aber nicht dringend? Welche oberdringend aber im Grunde gar nicht so wichtig? Das ist vergleichbar mit dem Lösen hochkomplexer Probleme und gehört zu jenen Hirnaktivitäten, die am meisten Energie verbrauchen.

Für das Setzen von Prioritäten benötigen wir eine ausgeprägte Vorstellungskraft und die Fähigkeit, mit Ideen zu experimentieren, die nicht auf unserer direkten Erfahrung beruhen. Uns etwas vorzustellen, das wir noch nie gesehen haben, erfordert unsere gesamte Aufmerksamkeit.

Daher gilt:

▶　　Prioritäten für unser persönliches Arbeitsverhalten zu setzen, muss unsere höchste Priorität erhalten und dann erfolgen, wenn unser Geist noch wach und ausgeruht ist.

**Wie Sie vorgehen, um Prioritäten zu setzen**
Machen Sie sich zuerst Ihre Ziele bewusst, denn sie geben Orientierung und fokussieren. Verschaffen Sie sich anschließend einen Überblick darüber, was ansteht. Konzentrieren Sie sich auf wenige Dinge, gruppieren Sie mehrere Tätigkeiten. Das erleichtert Ihnen und Ihrem Gehirn die Entscheidung denn nun müssen Sie aus weniger Alternativen auswählen.

Für das Setzen der Prioritäten sind die beiden Dimensionen „wichtig" und „dringend" relevant, siehe Abb. 2.1. Diese Aufteilung wird dem ehemaligen US-Präsidenten Dwight D. Eisenhower zugeschrieben und ist nach ihm benannt. Er soll seinen Schreibtisch in vier Felder gemäß dieser Matrix aufgeteilt haben, um seine Aufgaben zu priorisieren.

Beide Dimensionen beeinflussen die Setzung der Prioritäten in gleichem Maße. Die Wichtigkeit einer Aufgabe erhalten Sie aus dem Bezug zu Ihren Zielen. Je

**Abb. 2.1**  Prioritätensetzen nach Eisenhower

größer der Beitrag einer Aufgabe für Ihre Zielerreichung ist, desto wichtiger ist sie einzustufen.

▶    Sie selber bestimmen, wie wichtig einzelne Tätigkeiten sind.

Die Dringlichkeit bestimmen oft andere, insbesondere die Auftraggeber Ihrer Aufgaben. Für sie sind die Aufträge in der Regel dringend *und* wichtig.

Für Ihre persönliche Prioritätensetzung ist es entscheidend, dass Sie zwischen dringend und wichtig unterscheiden. Unter Stress haben viele Menschen das Gefühl, alle Aufgaben seien von derselben hohen Wichtigkeit und alles sei hyperdringend. Sie fühlen sich unfrei, ja gar versklavt und die Last der Arbeitsberge scheint sie regelrecht zu erdrücken. Die Gefahr ist groß, die Übersicht zu verlieren und unter dem immensen Druck zusammenzubrechen.

Wenn wir genau hinschauen, entpuppen sich viele dringende Aufgaben als nicht in gleichem Ausmaß wichtig. Diese sogenannten B-Aufgaben terminieren wir – und prüfen zum Termin hin, wie wichtig sie noch sind. Nicht selten erweisen sich diese Aufgaben beim zweiten Anlauf als nicht mehr gleich zielrelevant.

Die dringenden, aber weniger wichtigen weil nur gering zieldienlichen Tätigkeiten wie Post und Anrufe erledigen, administrativer Kleinkram und dergleichen sind auf ein Minimum zu reduzieren. Sei es durch Delegation oder dem Mut, ebenso freundlich wie bestimmt nein zu sagen und sich bewusst abzugrenzen.

**Freundlich, aber bestimmt Nein sagen**

Es gibt Menschen, die können nur sehr schlecht Nein sagen, weil sie Angst haben, von anderen abgelehnt zu werden oder weil sie denken, die anderen seien gekränkt, wenn sie ihnen eine Bitte ausschlagen. Doch im beruflichen Umfeld gehört ein Nein zum Alltag, gerade wenn wir selber bis oben zugedeckt sind mit Arbeiten.

Ein höfliches und begründetes Nein oder als Alternative ein „Jetzt nicht, vielleicht später" gibt dem Gegenüber zu verstehen, dass er oder sie selber nach anderen Lösungen suchen muss und schmälert unser Image in keiner Art und Weise. Auch im Privatleben gilt dasselbe. Probieren Sie es aus, Sie werden erstaunt sein, wie wenig Ablehnung Sie durch ein höfliches Nein erfahren – solange Sie es sich nicht zur Gewohnheit machen, künftig keine Menschenseele mehr zu unterstützen, wenn Not am Manne oder an der Frau ist.

**So setzen Sie Prioritäten**

1. Ziele setzen: Was wollen Sie erreichen, am heutigen Tag oder in dieser Woche? Woran werden Sie erkennen, dass Sie Ihre Ziele erreicht haben? Wie anspruchsvoll und fordernd sind Ihre Ziele? Wie realistisch ist es, dass die Ziele erreicht werden? Bis wann sollen sie erfüllt sein?
2. Überblick verschaffen: Welche Tätigkeiten stehen an? Bilden Sie Arbeitsblöcke.
3. Was ist sowohl wichtig für Ihre Zielerreichung als auch dringend? Diese Aufgaben erhalten eine hohe Priorität und werden als erste erledigt. Das sind Ihre A-Aufgaben, siehe Abb. 2.1.
4. Was ist zwar wichtig im Sinne Ihrer Ziele, kann jedoch verschoben und zu einem späteren Zeitpunkt erledigt werden? Hierbei handelt es sich um Ihre B-Aufgaben. Wichtig: Schieben Sie diese Aufgaben nicht auf die allzu lange Bank. Legen Sie einen Termin fest und halten Sie diesen ein. Damit verhindern Sie, dass der Zeitdruck und somit der Stress urplötzlich ansteigen und Ihre B- zu A-Aufgaben werden.
5. Dringende aber weniger wichtige Aufgaben hinterfragen und reduzieren, allenfalls delegieren.

Wenn Sie eine Aufgabenliste vor sich haben, können Sie alternativ mit den folgenden Leitfragen verfahren:

a. Kann ich das jetzt sofort entsorgen? Wenn ja, konsequent wegwerfen. Entspricht bei Eisenhower den D-Aufgaben. Je entschlossener Sie diese Dinge gleich aus Ihrem Fokus schaffen, desto mehr Entlastung erfahren Sie.

> b. Kann ich das jetzt delegieren? Wenn ja, kompetent delegieren. Das entspricht den C-Aufgaben.
> c. Kann ich das sofort erledigen? Wenn ja, sind diese A-Arbeiten in fünf Minuten vom Tisch.
> d. Kann ich das jetzt planen? Wenn ja, terminieren Sie die B-Aufgaben und erledigen Sie sie zum geplanten Zeitpunkt.

Es lohnt sich, wenn wir unsere Aufgaben und die Prioritäten regelmäßig kritisch prüfen und uns sowie unsere Tätigkeit aus der Vogelperspektive betrachten. Erfahrungsgemäß verwenden wir zu oft zu viel Zeit und Energie für dringende, aber nicht wirklich wichtige Aufgaben. Wenn es Ihnen gelingt, einige dieser nicht wichtigen Arbeiten aufzuspüren und von Ihrer Aufgabenliste zu streichen, haben Sie bereits sehr viel Zeit für das wirklich Wesentliche gewonnen.

## 2.2    Leitsatz 2: Störungen und Unterbrechungen vermindern

Das in Abschn. 2.1.2 beschriebene Singletasking erfordert, dass wir uns abgrenzen und Störungen und Unterbrechungen reduzieren. Sie brechen unseren Arbeitsfluss, lenken uns vom Wesentlichen ab, verhindern eine fokussierte Aufmerksamkeit und somit konzentriertes Arbeiten. Doch unser Alltag zeigt uns: Wir werden ununterbrochen unterbrochen. Das ist ein wahrer Fluch und vermasselt uns jegliche Produktivität.

> Elf Minuten lang widmen wir uns durchschnittlich voll und ganz einer Aufgabe. Dann werden wir unterbrochen.
> „Das ist wie ein Marathonläufer, dem alle paar Meter seine Schnürsenkel aufgehen. Er kommt irgendwann auch ans Ziel. Fragt sich nur, mit welchem Ergebnis."
> Anitra Eggler, Digital-Therapeutin

Gloria Mark, eine Computerwissenschaftlerin der University of California, nahm es bei ihrer Untersuchung im Jahr 2004 besonders genau [2]. Sie erfasste gemeinsam mit einigen Doktoranden über 700 Arbeitsstunden mit der Stoppuhr in einer kalifornischen IT-Firma. Sekunde für Sekunde wurde registriert, womit sich sieben Manager, acht Programmierer und neun Analytiker genau befassten.

Ihre Ergebnisse sind mehr als ernüchternd: Nur gerade elf Minuten und vier Sekunden lang beschäftigen sich die beobachteten Mitarbeiter am Stück mit einem

Thema. Dann wechseln sie zu einer anderen Aufgabe oder werden gestört. Meistens werden die unterbrochenen Arbeiten noch am selben Tag wieder aufgenommen. Nach jeder Unterbrechung dauert es allerdings 25 Minuten, bis ein Mitarbeiter wieder zur eigentlichen Tätigkeit zurückkehrt. In der Zwischenzeit widmet er sich mindestens zwei anderen Aufgaben. Bis er gedanklich wieder mit der vollen Konzentration in der ursprünglichen Arbeit angekommen ist, vergehen acht Minuten. Verbleiben also noch drei Minuten bis zur nächsten Unterbrechung. Dabei handelt es sich um Durchschnittswerte, die Zeiten entsprechen keinem Rhythmus, die Unterbrechungen brechen völlig unterschiedlich über uns herein. Unser Arbeitsalltag ist offensichtlich stark fragmentiert.

Mark fand heraus: Je kürzer wir an einer Sache arbeiten, desto häufiger werden wir unterbrochen. Ein wahrer Teufelskreis. Was nicht erstaunt: Als sehr störend werden Unterbrechungen dann empfunden, wenn wir hoch konzentriert arbeiten und wenn die Störung mit einem Thema zusammenhängt, das weit von unseren momentanen Gedankengängen entfernt liegt. Mitarbeitende in Einzelbüros konnten in der Untersuchung nicht ungestörter arbeiten als jene in Mehrplatzbüros. Im Gegenteil. In den Einzelbüros wurden sie signifikant häufiger unterbrochen. Offenbar ist die Hemmschwelle tendenziell höher, jemanden im Mehrpersonenbüro anzusprechen als an einem Einzelarbeitsplatz.

Mark sieht auch Vorteile in den Störungen. Denn in jeder Unterbrechung liegt die Chance, neue Ideen zu entwickeln, was einzelne der Beobachteten hie und da für neue Erkenntnisse und Perspektiven nutzen. Allerdings steht das in keinem Verhältnis zum Schaden, den die Unterbrechungen anrichten können. Jedes Mal, wenn wir unseren Fokus wieder auf das relevante Thema richten, werden in unserem Gehirn Milliarden von Schaltkreisen aktiviert. Das bedeutet einen enormen Energieverbrauch, ist extrem mühsam und erschöpfend. Und es kostet Unsummen. Mark errechnete für die US-Wirtschaft einen finanziellen Verlust von mehr als 588 Mrd. $ pro Jahr. Mit eingerechnet sind dabei die höhere Fehlerquote durch die unregelmäßige Bearbeitung von Prozessen.

Gloria Mark fand bei ihren Beobachtungen heraus, dass wir viel seltener unterbrochen werden bei Teamarbeiten. Vermutlich ist die Hürde für eine Unterbrechung größer, ein ganzes Team zu unterbrechen und wir lassen uns weniger stören, wenn wir nicht alleine arbeiten. Auch wenn wir die volle Verantwortung für eine Aufgabe tragen, lassen wir uns weniger leicht unterbrechen.

Schlussfolgerung: Wenn wir gestört werden, dann am liebsten bei Routinetätigkeiten. Das zehrt weniger an unseren Gehirnressourcen und beeinträchtigt unsere Zielerreichung in viel geringerem Ausmaß. Teamarbeiten sind in der Regel weniger unterbrechungsanfällig und Einzelbüros sind per se noch keine Garantie für ungestörtes Arbeiten.

So weit so schlecht. Mit welchen Arten von Ablenkungen schlagen wir uns am meisten herum? Wie können wir Ablenkungen vermeiden, um produktiver zu werden?

## 2.2.1 Was uns ablenkt

Gloria Mark unterscheidet in ihrer Untersuchung äußere und innere Ablenkungen. Die äußeren stammen von der Umgebung: Telefonanrufe, Arbeitskollegen, eintreffende E-Mails. Innere stammen von der Person selber, wir lenken uns selber von der eigentlichen Tätigkeit ab. Das kann mehrere Gründe haben. Einerseits rechnen wir aufgrund unserer Arbeitserfahrung stets mit der nächsten Unterbrechung: Je länger jemand konzentriert an einer Aufgabe arbeitet, desto größer wird die Wahrscheinlichkeit, im nächsten Moment unterbrochen zu werden. Wir warten quasi nur noch darauf, dass wir unterbrochen werden, weil uns unsere Berufserfahrung das lehrt. Und schon ist unsere Aufmerksamkeit gestört und die Gedanken schweifen ab. Eine sich selbst erfüllende Prophezeiung setzt ein.

Da wir für mehrere Aufgaben gleichzeitig zuständig sind – bei Marks Untersuchung arbeitete jeder an durchschnittlich 11,7 Tätigkeiten im selben Zeitraum – kreisen unsere Gedanken im Hinterkopf unweigerlich um all die ungelösten Probleme und wartenden Angelegenheiten.

Leider macht es uns unser Gehirn nicht einfach, Ablenkungen auszusperren. Denn für das Gehirn ist alles Neue hochattraktiv. Reflexartig richten wir unsere Aufmerksamkeit auf jeden neuen Reiz, den wir wahrnehmen. Auch das verdanken wir der Evolution. Oder besser gesagt: Unsere Gattung verdankt diesem Umstand ihr Fortbestehen. Denn in der Wildnis überlebte nur, wer Ungewöhnliches blitzschnell wahrnehmen und darauf reagieren konnte. Denken Sie zum Beispiel an ein Rascheln im Gebüsch. Wer das überhörte, konnte womöglich nicht mehr rechtzeitig vor der Schlange oder dem Säbelzahntiger fliehen und überlebte diese Begegnung nicht. Heute sind es keine wilden Tiere, die unsere Aufmerksamkeit fesseln, sondern klingelnde Telefone, surrende Smartphones, hereinplatzende Kollegen oder aufpoppende E-Mails. Geblieben ist unsere reflexartige Reaktion auf neue Sinnesreize.

Für langweilige Reize interessiert sich unser Gehirn überhaupt nicht. Je belangloser und eintöniger die Dinge sind, mit denen wir uns beschäftigen, desto eher lenken wir uns selber ab und schenken unsere Aufmerksamkeit interessanteren Themen. Ein Phänomen, das wohl jeder schon erlebt hat, der beispielsweise einem langweiligen Referat beiwohnte. Am Ende eines solchen Referats bleibt bei den Anwesenden kaum etwas hängen. Dafür hatten wir eine tolle Gelegenheit, um ungestört unseren Gedanken nachzuhängen – sofern wir bis zum Schluss sitzen blieben und uns nicht anderweitig beschäftigen, beispielsweise mit unserem Smartphone.

**Verteilung von äußeren und inneren Ablenkungen bei Managern, Analysten und Programmierern**
Manager sind laut der Studie von Mark zu 60 % äußeren und zu 40 % inneren Ablenkungen ausgesetzt. Bei Analytikern und Programmierern halten sich die beiden Unterbrechungsarten die Waage. Marks Vermutung: Wenn sich Mitarbeitende regelmäßig intensiv mit der Lösung von schwierigen Problemen auseinandersetzen, so läuft der gedankliche Problemlösungsprozess im Hinterkopf weiter, auch wenn sie sich einem neuen Thema zuwenden. Diese Hintergrundaktivität taucht früher oder später wieder ins Bewusstsein auf und unterbricht so die Mitarbeitenden.

Im Gegensatz dazu sind Manager häufiger damit beschäftigt, Arbeiten zu delegieren und zu koordinieren, was zahlreichere externe Unterbrechungen durch die unterstellten Mitarbeitenden mit sich bringt. Gleichzeitig sind Manager in der Regel breiter vernetzt und pflegen die geschäftlichen Kontakte intensiver als Analytiker und Programmierer [2].

## 2.2.2 Äußere Ablenkungen managen

Die äußeren Störeinflüsse können wir aktiv managen und ihnen nicht mehr erlauben, uns unsere Aufmerksamkeit zu stehlen. Bringen Sie ein Schild an Ihrer Bürotür an und leiten Sie Ihr Telefon um. Schalten Sie Ihr Smartphone und das Mailprogramm aus, bevor Sie sich an einen Arbeitsblock machen, der Ihre volle Aufmerksamkeit erfordert. Wenn Sie im Mehrpersonenbüro arbeiten, vereinbaren Sie mit den Arbeitskollegen, woran diese erkennen können, wann Sie nicht gestört werden wollen. Ohrstöpsel helfen gegen den Lärmpegel. Ich kenne Mitarbeitende, die sich große Kopfhörer aufsetzen, wenn sie keine Unterbrechung wünschen. Sie hören keine Musik, sondern nutzen die Kopfhörer als sichtbares Zeichen für ihr Bedürfnis nach ungestörtem Arbeiten. Gestalten Sie sich jenen Arbeitsraum, den Sie brauchen, um für eine gewisse Zeit ungestört zu arbeiten. Und sollte das Gebäude brennen oder die Welt untergehen, werden Sie das ganz bestimmt dennoch mitkriegen. Haben Sie den Mut, sich bewusst Freiräume zu schaffen.

Für einen Seminarteilnehmer schien es unmöglich, sein Telefon umzuleiten, wenn er ungestört eine Offerte erarbeitete. „Es geht doch nicht, dass ich während dieser Zeit nicht für meine Kunden erreichbar bin." Meine Gegenfrage: „Und was tun Sie, wenn Sie in einer Besprechung sind oder einen Kundentermin wahrnehmen? Sind Sie dann für Ihre Kunden auch jederzeit erreichbar?"

Bei den äußeren Störfaktoren ist es entscheidend, wie gut es Ihnen gelingt, diese aus Ihrem Fokus herauszuhalten und wie mutig Sie sind, wenn es darum geht, über einen gewissen Zeitraum ein störungsfreies Umfeld zu schaffen, damit sich Ihr Gehirn voll und ganz auf das konzentrieren kann, was direkt vor ihm liegt. Setzen Sie sich hierfür konkrete Ziele und einen klaren Zeitrahmen, das erleichtert die Umsetzung. Zum Beispiel: Nach einer Stunde ungestörten Arbeitens steht der erste Entwurf der Offerte für den Kunden XY.

### 2.2.3  Umgang mit inneren Ablenkungen

Bei den inneren Ablenkungen wird es schwieriger, diese aktiv zu managen. Der Grad unserer Aufmerksamkeit ist weniger davon abhängig, wie sehr wir uns konzentrieren, sondern viel mehr davon, wie wir die nicht relevanten Gedanken daran hindern, in unseren Fokus zu gelangen. Wir müssen sämtliche belanglosen Signale hemmen. Das erfordert Übung und verbraucht viel mentale Energie.

Lesen Sie bitte die folgende Zeile so schnell wie möglich. Sprechen Sie dabei laut aus, ob das jeweilige Wort in großen oder in kleinen Buchstaben geschrieben ist. Sagen Sie also beispielsweise „groß", wenn Sie den Begriff „KLEIN" lesen. Und los geht's:

*klein GROSS groß klein KLEIN klein groß KLEIN GROSS groß KLEINgroß klein KLEIN klein groß*

Sie werden wahrscheinlich die Zeile nicht ganz so flüssig lesen können wie gewohnt, denn Sie müssen öfters Ihre automatisierte Handlung – das Lesen von Wörtern – unterdrücken. Man nennt diese Art von Experiment den Stroop-Effekt, benannt nach John Ridley Stroops Dissertation, die bereits 1935 erschien [3]. Noch heute wird die Fähigkeit, seine Handlungsimpulse zu kontrollieren, bei der Diagnostik von Konzentrationsproblemen mit Tests dieser Art erfasst.

Der Stroop-Effekt zeigt uns eindrucksvoll, dass wir in der Lage sind, innere Impulse zu hemmen. Das erfordert unsere Aufmerksamkeit und ermüdet uns, doch die Fähigkeit ist grundsätzlich vorhanden. Wir sind unserem Gehirn und seinen Stimuli demnach alles andere als ausgeliefert.

> Wir sind keine Gefangenen unseres Geistes.

Andererseits kann unser Gehirn nicht nichts tun, Sie können Ihr Gehirn nicht einfach auf Stand-by schalten. Selbst in ganz ruhigen Momenten ist unser Gehirn hochaktiv. Diese neuronale Hintergrundaktivität ist ein ständiger Strom aus Gedanken und Bildern, die in unser Bewusstsein gelangen. Das ist vergleichbar mit einem Symphonieorchester beim Einspielen: ein lautes und wildes Durcheinander, ungeordnet und schwierig zu bändigen. Sobald unsere bewusste Aufmerksamkeit nachlässt, wird das unorganisierte Orchester in unserem Gehirn lauter und aktiver, unsere eigenen Gedanken lenken uns von der eigentlichen Aufgabe ab und übernehmen nach und nach das Zepter. Wir werden uns zum Beispiel stärker bewusst, was uns stört, welche Probleme noch zu lösen sind oder was uns belastet.

**Wie verhält sich unser Gehirn ohne äußere Sinneseinflüsse?**
Der US-amerikanische Wissenschaftler John Lilly begann 1954 mit Forschungen zur Frage, was geschieht, wenn unser Gehirn keinerlei äußere Reize mehr empfängt [4]. Stellt unser Bewusstsein seine Funktion ein und wir fallen ins Koma? Oder beschäftigt sich das Gehirn mit sich selbst? Lilly baute in einem abgelegenen Gebäude in Maryland einen Isolationstank, eine Art überdimensionierte Badewanne in einem schallisolierten Raum. Er wählte Wasser, weil darin selbst die Einflüsse der Schwerkraft gering sind. Die Versuchsperson lag vollständig im Wasser, eine Atemmaske versorgte sie mit Sauerstoff. Im Tank war es stockdunkel, ein beängstigendes Gefühl. John Lilly fungierte daher meist selber als Versuchsperson. Nach rund einer Stunde im Wasser stieg der Wunsch nach äußeren Reizen. Die ganze Aufmerksamkeit floss den wenigen Empfindungen zu, die er noch spürte, beispielsweise der Atemmaske. Dann tauchten vor seinem inneren Auge Fantasien auf. Nach rund zweieinhalb Stunden sah er eigenartige Objekte mit leuchtenden Rändern.

Das Gehirn schläft nicht einfach ein, wenn es keine Reize mehr aufnehmen kann, sondern beschäftigt sich wunderbar mit sich selber und arbeitet fröhlich weiter.

Moderne bildgebende Verfahren bestätigen Lillys Hypothese über die neuronale Hintergrundaktivität unseres Gehirns. Würden wir die elektrischen Impulse in unserem Gehirn sichtbar machen, sähen wir auch bei scheinbarer geistiger Untätigkeit Tausende von Gewitterblitzen über unser gesamtes Denkorgan verteilt.

**Acht Stunden lang nichts tun**
Im Januar 2014 führte der Schweizer Radiosender SRF3 ein Experiment durch. Eine Reporterin begibt sich für die Dauer von acht Stunden in einen abgeschlossenen Raum, in dem sich nichts als ein Sofa, ein Stuhl und ein Stoffsessel befinden. Während der ganzen Zeit wird sie weitgehend von äußeren Reizen ferngehalten, sie hat keine Uhr, kein Handy, kein Internet, keinen Fernseher, rein gar nichts. Sie ist ganz allein mit sich selber. In unregelmäßigen Abständen wird ihr ein Mikrophon vor die Tür gestellt, damit sie Ihre Eindrücke festhalten kann, gleichzeitig wird sie gefilmt.

Die Reporterin hängt ihren Gedanken nach und schon bald drehen die sich nur noch im Kreis. Sie beginnt, den Raum nach Reizen abzusuchen, fokussiert Details, die ihr noch nie vorher aufgefallen sind, wie beispielsweise die Steckdose an der Wand oder die wenigen akustischen Stimuli, die sie hört. Sie verliert nach ein paar Stunden völlig ihr Zeitgefühl und ihre Stimme wird nach und nach langsamer und ruhiger, sie fühlt sich total entspannt und locker, vergleichbar mit einer Meditation.

Gegen Ende des Experiments wächst ihre Ungeduld, wieder mit anderen Menschen zu kommunizieren und sie erlebt ein wahres Glücksgefühl, als die acht Stunden rum sind. Sie hat eindrücklich erlebt, wie unmöglich es für unser Gehirn ist, nichts zu tun. Es sucht die Umgebung nach Reizen ab oder unterhält sich mit sich selber, indem es Erinnerungen nachhängt [5].

**Unser Bremssystem**

Die gute Nachricht: Unser Gehirn hat eine Art Bremssystem eingebaut – die Selbstkontrolle. Die haben wir bereits kennengelernt und diese brauchen wir auch beim

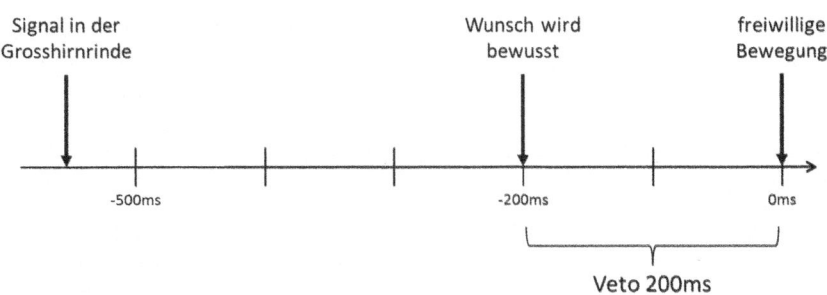

**Abb. 2.2**  Ablauf einer selbst initiierten Handlung, in Anlehnung an Libet [7]

Stroop-Effekt. Die schlechte Nachricht: Unser Bremssystem ist sehr fehleranfällig, höchst unzuverlässig und obendrein noch energieraubend. Denn genauso wie die bewusste Aufmerksamkeit ist auch die Selbstkontrolle eine begrenzte Ressource. Jedes Mal, wenn wir das Bremssystem betätigen, wird die Fähigkeit zum erneuten Bremsen reduziert. Ein Auto mit derartigen Bremsen möchten wir wohl kaum lenken! Und doch ist es ein Glück, dass wir unsere Handlungsimpulse überhaupt unterbinden können. Im Gegensatz zu den Tieren haben wir die Möglichkeit, unsere mentalen Prozesse zu steuern und – sofern wir das rechtzeitig tun – unsere Impulse zu hemmen.

Benjamin Libet von der University of California untersuchte bereits 1983, ob es so etwas wie einen „freien Willen" gibt [6]. Libet wollte herausfinden, wie unsere Großhirnrinde auf einen somatosensorischen Stimulus reagiert. Damit sind jene Reize gemeint, welche die Körperwahrnehmung betreffen, also die Empfindungen der Haut, der Organe, der Muskeln und Gelenke. Er und seine Kollegen stellten fest, dass bei spontanen Handlungen, wenn Sie zum Beispiel Ihre Hand bewegen wollen, zwischen dem Signal des Gehirns bis zur Ausführung des Befehls rund 550 Millisekunden (ms) vergehen, also gut eine halbe Sekunde. Das Signal tritt nach etwa 350 ms in unser Bewusstsein. Uns bleiben noch 200 ms, um willentlich Einfluss zu nehmen, um quasi Einspruch zu erheben und den Prozess abzubrechen. 200 ms hört sich kurz an, doch in neurowissenschaftlichen Maßstäben gemessen ist das mehr als bloß ein kurzer Augenblick (Abb. 2.2).

### 2.2.4   Unsere Vetokraft stärken

Wir sind den Signalen unseres Gehirns folglich nicht machtlos ausgeliefert. Wie legen wir unser Veto ein, damit unser Gehirn das akzeptiert? Zunächst kommt es auf das richtige Timing an. Wir müssen die irrelevanten Impulse unterbinden, bevor sie sich durchsetzen können, also innerhalb der verbleibenden 200 ms. Je besser wir uns der mentalen Abläufe bewusst sind und je häufiger wir es uns zur Angewohnheit machen, bestimmtem Verhalten frühzeitig und rasch Einhalt zu gebieten, desto besser gelingt es, das Veto einzulegen. Wir stärken dadurch unsere Selbstkontrolle. Auch hier gilt einmal mehr: Übung macht den Meister.

Eine andere Technik, um unsere Vetokraft zu stärken: Wenn wir unsere Handlungen in explizite Worte fassen, fällt es uns viel leichter, uns selbst über längere Zeit zu konzentrieren. Die Sprache beteiligt den präfrontalen Cortex in einem höheren Maße und aktiviert mehr Gehirnschaltungen. Probieren Sie es aus: Sprechen Sie zu sich selber und sagen Sie sich, welche Aufgabe nun Ihre ungeteilte Aufmerksamkeit erfordert. Das kann laut oder halblaut geschehen oder nur mithilfe Ihrer inneren Stimme. Es mag Ihnen vielleicht komisch vorkommen, sich selber gut zuzureden. Aber mit etwas Übung funktioniert das prima. Geben Sie Ihren Denkprozessen eine Stimme. Auch wenn Sie beispielsweise merken, dass Ihr Geist langsam müde wird. Je mehr Sie sich Ihre inneren Prozesse bewusst vergegenwärtigen, desto mehr Einfluss können Sie nehmen. Ihr eigener Dirigent lässt freudig grüßen!

▶ Verleihen Sie Ihren mentalen Prozessen eine explizite Sprache und erhöhen Sie dadurch Ihre Vetokraft und Ihre geistigen Lenkungsmöglichkeiten.

Aus neurologischer Sicht ist es nicht erstaunlich, dass sich eine Fremdsprache am einfachsten und schnellsten in einem Land lernt, in welchem diese Sprache gesprochen wird. Sie richten Ihre Aufmerksamkeit gezwungenermaßen auf diese Sprache und Ihre eigene Muttersprache wird vom Umfeld automatisch gehemmt. Der Energiebedarf für das Unterdrücken der Muttersprache ist wesentlich kleiner und die mentalen Karten für die Fremdsprache werden mit der Zeit wie von selbst aktiviert.

## 2.2.5   Unsere optimale Leistungsfähigkeit

Sie kennen das wahrscheinlich: Mit dem optimalen Maß an Druck – nicht zu wenig und nicht zu viel – gelingen Ihnen die besten Leistungen. Das hat seinen Ursprung im Gehirn: Wer Höchstleistungen erbringen will, muss den präfrontalen Cortex in einem ganz bestimmten Ausmaß stimulieren. Damit unsere Zellen im präfrontalen Cortex feuern, benötigen sie eine gewisse Menge an *Dopamin* und *Noradrenalin*. Das sind zwei Botenstoffe, die wir im Kap. 3 näher kennenlernen. Bei zu geringen Mengen der Botenstoffe empfinden wir Langeweile, bei zu vielen erleben wir negativen Stress.

Die Stimulation des präfrontalen Cortexes lässt sich in beide Richtungen aktiv beeinflussen. Ihre Wachsamkeit steigern Sie, indem Sie den Adrenalinspiegel erhöhen. Die schnellste Methode hierfür besteht darin, eine Aufgabe als „sehr dringend und sehr wichtig" einzustufen. Allein die Vorstellungskraft reicht aus, um die Ausschüttung von Adrenalin zu beeinflussen. Stellen Sie sich vor, dass heute etwas total schiefläuft. Und schon wird in Ihrem Gehirn die Alarmbereitschaft erhöht und mehr des Neurotransmitters freigesetzt. Oder machen Sie sich mehrmals täglich ganz aktiv bewusst, wie wachsam und interessiert Sie derzeit sind. Auch das wirkt.

▶   Allein Ihre Vorstellungskraft reicht aus, um Botenstoffe wie Adrenalin und Noradrenalin auszustoßen.

Zu viel Stimulation kann sich beispielsweise dadurch bemerkbar machen, dass Sie Ihren Kopf voller Gedanken haben und deshalb nichts mehr richtig auf die Reihe kriegen. In diesem Fall ist es hilfreich, wenn Sie Ihre Ideen aufschreiben, um sie so aus Ihrem Arbeitsspeicher zu bringen und gleichzeitig den Dopamin- und Adrenalinspiegel zu senken. Oder machen Sie einen Spaziergang an der frischen Luft. Eigentlich nichts Neues: einmal tief durchatmen, am besten in Kombination mit körperlicher Bewegung. Das bewirkt Wunder. Denn Ihr Gehirn erhält frischen Sauerstoff, der Kreislauf wird angeregt und Ihr gesamter Organismus mit neuer Energie versorgt. Verbunden mit einem örtlichen Wechsel unterstützen Sie so Ihr Gehirn beim Leeren des Arbeitsspeichers. Verschaffen Sie Ihrem Gehirn neuartige Reize, die rein gar nichts mit den Themen zu tun haben, die Sie momentan in Beschlag nehmen. Ihr Gehirn wird sich auf die neuen Reize einstellen und so die bisherigen leichter ausblenden können.

### Arbeiten und Lernen mit oder ohne Hintergrundmusik?

Hierzu eine Episode aus einem meiner Seminare: Eine Teilnehmerin erzählte mir, dass sie zum Lesen oder Lernen zu Hause absolute Stille brauche, sonst könne sie sich nicht konzentrieren. Ihr Mann hingegen brauche Hintergrundmusik, um aufmerksam zu lesen. Ohne Musik könne er sich gar nicht richtig konzentrieren. Wir versuchten, den Unterschieden auf den Grund zu gehen und im Rahmen der Diskussion berichtete die Frau, dass sie als Einzelkind aufgewachsen sei und ihre Mutter stets darauf bedacht war, dass sie in ungestörter und lärmfreier Umgebung ihre Hausaufgaben löste. Ihr Mann hingegen wuchs als eines von fünf Geschwistern auf und in diesem Haushalt war stets viel los und es herrschte von morgens bis abends ein entsprechend hoher Geräuschpegel. An ein Arbeiten in der Stille war nicht zu denken. Offensichtlich entwickelte der Mann in seinen Kinderjahren die Fähigkeit, sich hervorragend abzugrenzen und trotz hohem Lärmpegel zu konzentrieren. Das führte so weit, dass ein Lernen oder Lesen bei Stille heute nicht mehr möglich ist, weil ihm offenbar die vertraute Geräuschkulisse fehlt.

Ein wunderbares Beispiel, wie sich unser Gehirn flexibel an die Umgebung anpassen kann und wie sich die Selbstkontrolle trainieren lässt.

## 2.3 Leitsatz 3: Den Kopf frei kriegen

Die Menge an Informationen, die wir gleichzeitig im Kopf behalten und verarbeiten können, ist begrenzt. Lange Zeit dachte man, sieben Dinge seien die Grenze des Machbaren. Heute wissen wir: Je nach Komplexität überfordert das den menschlichen Geist bereits, realistischer sind vier Dinge. Sich vier Zahlen zu merken, ist kein Problem. Bei vier längeren Sätzen wird das bereits schwieriger, wenn sie uns nur kurz dargeboten werden. Die Kapazität ist folglich nicht groß. Und reduziert sich nochmals beträchtlich, wenn in Ihrem Kopf viel Unerledigtes herumspukt und Sie ablenkt. Das verbraucht unnötig Energie, frustriert und erschöpft.

Was können Sie tun, um Ihren Kopf frei zu kriegen für die wirklich wesentlichen Dinge, denen Sie Ihre volle Aufmerksamkeit schenken wollen?

### 2.3.1 Aus den Augen, aus dem Sinn

Die beste Methode besteht natürlich darin, dass Sie so bald wie möglich erledigen, was Sie belastet. Das gibt Ihnen ein herrliches Gefühl. Doch leider ist das nicht immer möglich, oder während Sie an wichtigen Aufgaben arbeiten, schwirren Ihnen bereits wieder neue Gedanken durch den Kopf. Reduzieren Sie Ihre mentale Last, indem Sie alle wichtigen Dinge unmittelbar und konsequent aufschreiben. Dadurch nehmen Sie Ihrem Arbeitsgedächtnis eine Menge Arbeit ab. Ihr Speicher wird fortlaufend immer wieder geleert, und Sie setzen wertvolle Kapazität frei für konzentriertes Arbeiten.

Ich führe ein Aufgabenbuch, in welches ich alles zu Erledigende und weitere wichtige Informationen hineinschreibe. Sobald ich mir notiert habe, was ich nicht vergessen darf, brauche ich mich nicht mehr daran zu erinnern. Ich weiß: Es steht in meinem Buch und da ist es gut aufgehoben. Mein Arbeitsspeicher ist davon befreit. Und ich erteile meinem Gehirn die Erlaubnis, sich uneingeschränkt der aktuellen Aufgabe zu widmen.

Ich habe diesbezüglich schon einige Techniken ausprobiert. Was für mich *nicht* funktioniert hat: Haftzettel rund um den Bildschirm oder auf dem Pult. Immer wenn ich an etwas konzentriert gearbeitet habe, nahm ich in meinem Blickfeld die auffallenden Zettel mit all den unerledigten Dingen wahr, die mich ständig daran erinnerten, was ich alles noch tun musste. Das hat mich total gestresst. Gleiches widerfuhr mir, als ich meine zu erledigenden Aufgaben auf ein Whiteboard schrieb, das hinter meinem Schreibtisch an der Wand hing. Wohin ich schaute, entdeckte ich Listen mit Unerledigtem. Schrecklich! In meinem Aufgabenbuch stehen zwar nicht weniger unerledigte Aufgaben. Aber ich kann den Deckel schließen und das Buch zur Seite legen. Aus den Augen – aus dem Sinn. Das passt für mich wunderbar und ich habe den Kopf frei.

▶ Schaffen Sie alle kleinen Dinge aus der Welt, die Ihnen das Gefühl geben,
überlastet zu sein und die Ihre Aufmerksamkeit ablenken.

Im Kopf herumschwirrende Gedanken konsequent aufzuschreiben hilft auch, wenn
Sie abends nicht einschlafen können, weil Sie den Kopf nicht frei bekommen. Es
lohnt sich, nochmals aufzustehen und drauflos zu schreiben, was Ihnen durch den
Schädel geht. Frisch von der Leber und ohne Punkt und Komma. So können Sie
Ihre Gedanken besser ablegen.

Nutzen Sie jede Gelegenheit, um mit außenstehenden Personen darüber zu
sprechen, was Sie bedrückt. Durch die Artikulation verarbeiten Sie Belastendes
wesentlich rascher. Wichtig für die Zuhörer: Oftmals reicht ein offenes Ohr, es
bedarf nicht immer gleich Ihrer gutgemeinten Ratschläge und Lösungsvorschläge.
Hören Sie aufmerksam und einfühlsam zu, schenken Sie Ihrem Gegenüber Ihre
volle Aufmerksamkeit und nehmen Sie die Bedürfnisse wahr. Damit sind Sie eine
unheimlich wertvolle Hilfe.

## 2.3.2  Pausen, Energiebedürfnisse, Arbeitsblöcke und Hierarchien

Indem Sie bewusst etwas ganz anderes tun, gönnen Sie Ihrem Gehirn eine aktive
Pause. Das kann eine völlig anders geartete Aufgabe sein, die Sie in Angriff nehmen
oder noch besser eine kurze Unterbrechung an der frischen Luft. Ein Seminarteilnehmer nannte dies eine „Rauchpause ohne Rauchen". Sich mehrmals am Tag
eine kleine Auszeit gönnen, den Kopf durchlüften mit ein paar tiefen Atemzügen
frischem Sauerstoff. So kriegen Sie Ihren Kopf frei und laden Ihr Reservoir an
Stoffwechselressourcen immer wieder von neuem.

Wann soll ich was erledigen? Werden Sie sich Ihren eigenen mentalen Ener-
giebedürfnissen bewusst und stimmen Sie Ihren Tages- und Zeitplan darauf ab.
Erledigen Sie jene Aufgaben, die Ihre größte Aufmerksamkeit erfordern, wenn der
Geist noch ausgeruht und wach ist.

Wenn Sie Arbeitsblöcke bilden, hilft das Ihnen, Ihren Kopf frei zu kriegen.
Drei bis vier Aufgabenblöcke können Sie sich noch merken, bei acht bis zehn
Detailaufgaben wird das schon sehr viel schwieriger. Das schaffen Sie unter anderem
dadurch, indem Sie die Aufgaben thematisch gliedern und zusammenfassen.

▶ Bilden Sie Hierarchien, indem Sie Aufgaben zu Blöcken zusammenfassen und Überbegriffe finden.

Unser Gehirn liebt Hierarchien. Finden Sie für Ihre Aufgaben übergeordnete Begriffe. Dadurch erleichtern Sie Ihrem Gehirn die Arbeit, egal, ob Sie Prioritäten setzen oder Entscheidungen fällen. Durch Hierarchien verringern Sie die Informationsmenge, die Ihr Gehirn verarbeiten muss und Sie trainieren das logische und vernetzte Denken.

Wenn Sie eine Aufgabenliste führen, sieht die schon rein optisch viel weniger furchterregend aus, wenn sie drei Hauptaufgaben enthält mit jeweils zwei bis drei untergeordneten Tätigkeiten, als wenn dieselben Aufgaben in einer ungeordneten Liste stehen und Sie somit acht bis neun Aufträge vor sich sehen. Auch für Ihr Gehirn macht das einen essenziellen Unterschied.

### 2.3.3   Unser Gehirn braucht Bedeutungen, Bilder und Metaphern

Ein kleines Experiment:

> Lesen Sie diese vier Wörter *einmal* und versuchen Sie anschließend, sie auswendig korrekt wiederzugeben:
> **Freiheit, schlafen, Olympiade, Peter**
> Das schaffen Sie wahrscheinlich mit Leichtigkeit. Tun Sie nun dasselbe mit diesen Wörtern:
> **zopkguwa, elrudpre, musuvremz, konud**
> Wetten, dass Sie es nicht schaffen, sich das zweite Quartett an Worten zu merken, wenn Sie es nur ein einziges Mal durchlesen? Und das, obwohl diese aus genau gleich vielen Buchstaben wie die ersten vier bestehen.
> Der Grund: Die ersten Wörter haben für uns eine Bedeutung, für sie haben wir eine mentale Karte angelegt, sie sind uns bekannt und wir können uns mit Leichtigkeit daran erinnern, auch wenn wir sie bloß einmal lesen oder hören. Bei Wörtern in einer unbekannten Sprache oder bei Wörtern, die für uns keinen Sinn ergeben, ist das schier unmöglich. Wir haben keine Verbindung zu einschlägigen Erfahrungen und können auch keine Bilder dazu abrufen.

#### Von der Bedeutung der Bedeutung

Hat etwas für uns keinerlei Bedeutung, haben wir größte Mühe, uns etwas zu merken. Das veranschaulicht das obige kleine Experiment. Unser Gehirn verwendet offensichtlich nur darauf Energie, was als ausreichend bedeutungsvoll erscheint. Wir können das Gehirn zwar „zwingen", Ressourcen in etwas zu investieren, beispielsweise indem wir die vier nichtssagenden Begriffe auswendig lernen. Das schaffen wir, wenn wir es wollen. Die Frage ist, ob das für uns Sinn macht und ob dies uns unseren eigentlichen Zielen näher bringt. Und nur die wirkliche Begeisterung von innen heraus wirkt wie Dünger für unser Gehirn und lenkt unsere Konzentration auf das angestrebte Ziel. Nur dann sind wir in der Lage, alles andere in den Hintergrund zu schieben oder zu unterdrücken und unsere Aufmerksamkeit zur Höchstform auflaufen zu lassen. Was ist wirklich wichtig? Was ist von entscheidender Bedeutung? Was bringt mich meinen Zielen näher?

Übrigens hat die Bedeutung eines Ereignisses Auswirkungen darauf, wie gut wir uns daran erinnern können. Je bedeutungsvoller ein Ereignis für uns ist, desto klarer und besser ist die Erinnerung. Das zeigt sich eindrücklich daran, wie sich viele Menschen sehr genau daran erinnern können, was sie am 11. September 2001 gemacht haben und mit wem sie zusammen waren, als sie am Fernsehen die schrecklichen Bilder der in die Zwillingstürme fliegenden Flugzeuge sahen.

Allerdings entlarvten Chabris und Simons diesen Kausalzusammenhang als Täuschung. Sie sprechen von der *Gedächtnis-Illusion* [8].

### Die Gedächtnis-Illusion
Chabris und Simons untersuchten mit verschiedenen Studien, wie gut unser Langzeitgedächtnis bedeutungsvolle Erinnerungen abspeichert und wie genau es diese wiedergibt. Im Jahr 2010 schrieben die beiden US-amerikanischen Psychologieprofessoren nieder, was sie aufgrund ihrer Erinnerung am 11. September 2001 gemacht hatten und mit wem sie zusammen waren. Anschließend forderten sie ihre damaligen Doktoranden auf, zu beschreiben, was sie an diesem geschichtsträchtigen Tag konkret taten. Die Berichte stimmten in einigen Punkten gut überein, in anderen widersprachen sie sich. So waren sie sich nicht einig, wer welchen Kommentar abgegeben hatte, und ebenso wenig, wer alles in demselben Büro war. Einige Erinnerungen waren extrem widersprüchlich. Und jeder hatte das Gefühl, seine Erinnerung entspreche der Realität.

Der damalige US-Präsident George W. Bush soll mehr als einmal in der Öffentlichkeit behauptet haben, er habe am Vormittag des 11. Septembers im Fernsehen gesehen, wie das erste Flugzeug in den Turm raste. Dabei waren am Tag des Geschehens keinerlei Bilder verfügbar über das erste Flugzeug, sondern nur jene des zweiten. Verschwörungstheoretiker finden in solchen Ungereimtheiten reichlich Nahrung für ihre Thesen. Aus Sicht des Gehirns und seines Langzeitgedächtnisses ergeben sich ganz andere Schlussfolgerungen. Auch wenn unsere Erinnerungen an einen bedeutungsvollen Tag wie den 11. September viel lebhafter und gefühlsintensiver erscheinen und uns viel mehr Details dazu einfallen als an gewöhnliche Tage im Jahr 2001, sind auch diese Erinnerungen sehr fehlerhaft.

Sämtliche unserer Erinnerungen werden mit der Zeit immer unpräziser. Je mehr Zeit vergeht, desto mehr Details schleichen sich ein, die nichts mehr mit dem tatsächlichen Erlebnis zu tun haben. Nach dem Abspeichern in unserem Gedächtnis wird das Erlebte keineswegs wie auf einer Festplatte unveränderbar abgespeichert, sondern von Zeit zu Zeit immer wieder leicht modifiziert aufgrund unserer gegenwärtigen Erlebnisse, die abgespeichert werden. Es handelt sich dabei um eine Art Schutzfunktion unseres Gehirns. Das Gedächtnis will uns glauben machen, dass unsere Erinnerungen, Ansichten und Taten vollständig miteinander übereinstimmen und auch über einen längeren Zeitraum vollkommen stabil bleiben [8].

**Innere Bilder**

Wir machen uns fortlaufend innere Bilder, über alles, was wir wahrnehmen, über jede Situation, in die wir geraten und über jeden Menschen, dem wir begegnen. Innere Bilder bestimmen unser Denken, unser Fühlen und unser Handeln. Dabei ist es von fundamentaler Wichtigkeit, wie diese Bilder aussehen, die wir von uns selber, von anderen Menschen und von unserer Welt machen. Denn je nachdem, wie diese Bilder beschaffen sind, werden andere neuronale Netzwerke in unserem Gehirn aktiviert und miteinander vernetzt. Die Bilder haben somit Einfluss auf die Struktur unseres Gehirns, sie können unseren Horizont erweitern oder ihn einengen, unser Selbstwertgefühl stärken oder uns Angst machen, sie prägen unsere Beziehungen und unser Zusammenleben. Daher ist es entscheidend, welches Bild wir uns wovon machen.

Sie können die inneren Bilder aktiv nutzen, indem Sie sich beispielsweise immer wieder vor Augen führen, welchen Nutzen Sie mit der Erreichung eines Ihrer Ziele haben oder wie entspannt es sich angefühlt hat, als Sie in den letzten Badeferien am Strand lagen oder als Sie mit Freunden eine Bergtour machten und vom Gipfel aus die herrliche Rundsicht genossen. Mit hoher Wahrscheinlichkeit tauchen vor Ihrem inneren Auge beim Lesen dieser Zeilen genau solche Bilder auf. Wenn Sie sich intensiv mit den Erinnerungen und den entsprechenden Bildern auseinandersetzen, können Sie dadurch Ihre Einstellung, Ihre Laune, Ihre Arbeitsmotivation und vieles mehr beeinflussen. Das funktioniert in die positive wie in die negative Richtung gleichermaßen.

**Metaphern**

Metaphern verbinden unser Denken mit unserer Sprache. Dank Metaphern sind wir in der Lage, Worte auch in einem übertragenen Sinne zu verwenden, sie erweitern folglich unsere Ausdrucksweise und drücken unser Denken wie auch unser Handeln bildhaft aus [9].

Ein Beispiel: Welche Assoziationen haben Sie, wenn Sie Ihren Arbeitsalltag mit einer Tretmühle vergleichen oder sich selber mit einem Hamster im Hamsterrad? Stellen Sie sich nun vor, Sie beschreiben Ihren Alltag wie einen abwechslungsreichen Parcours, mit spannenden Aufgaben, die es zu bearbeiten gilt. Beide Bilder könnten auf ein und denselben Arbeitsalltag zutreffen, in beiden Bildern sind Sie derjenige, der herumrennt und vielseitig gefordert ist. Sie sehen: Die Worte, die wir wählen, und die Metapher, die wir verwenden, beeinflussen unser Denken über die Situation und unsere Einstellung massiv. Doch genauso wenig wie wir unserem

Geist ausgeliefert sind, sind wir es unseren Bildern und Metaphern, egal ob den positiven oder den negativen. Je mehr wir uns dessen bewusst sind, desto mehr Einfluss haben wir darauf, welche Bilder wir uns von der Welt machen.

**Wie Metaphern unsere Gedanken lenken**

Paul Thibodeau und Lera Boroditsky von der Stanford University haben in ihrer Experimenten-Reihe von 2011 aufgezeigt, dass Metaphern unser Denken massiv beeinflussen. Die Probanden erhielten einen Bericht mit statistischen Angaben zur Kriminalität in einer frei erfundenen Stadt der USA. Ihre Aufgabe bestand darin, aufgrund dieser Statistiken Lösungen vorzuschlagen, um die Verbrechen zu reduzieren. Alle erhielten den identischen Bericht – mit einer winzigen Ausnahme. Bei der einen Hälfte der Probanden stand in der Einleitung geschrieben, die Kriminalität in der Stadt sei vergleichbar mit einem *Virus*, bei der anderen Hälfte stand stattdessen, die Kriminalität sei vergleichbar mit einer *wilden Bestie*.

Diese verwendeten Metaphern hatten einen signifikanten Einfluss auf die Lösungsvorschläge der Probanden. Handelte es sich bei der Kriminalität um ein Virus, zielte die Mehrheit der Lösungen darauf ab, die Ursachen zu erforschen, soziale Reformen einzuleiten, um die Gesellschaft quasi zu impfen, indem die Schwerpunkte auf die Beseitigung der Armut und die Verbesserung der Bildung gelegt wurden. Verglich man die Kriminalität hingegen mit einer wilden Bestie, schlugen die Probanden überwiegend vor, dass die Kriminellen in der Stadt eingefangen und inhaftiert wurden, und sie forderten einen Erlass für eine härtere Durchsetzung der Gesetze. Alle begründeten ihre Lösungsvorschläge mit der vorliegenden Kriminalitätsstatistik. Die war bei allen Versuchsteilnehmern identisch. Aufgrund derselben Faktenlage kamen völlig unterschiedliche Lösungsrichtungen zustande – einzig aufgrund der schon fast beiläufig erwähnten Metapher.

Thibodeau und Boroditsky folgern aus den Experimenten-Reihen, dass Metaphern einen starken Einfluss darauf haben, wie wir komplexe Probleme lösen und unsere Entscheidungen mit Fakten absichern. Metaphern aktivieren offenbar entsprechende Wissensstrukturen in unserem Gehirn, aufgrund derer wir für uns konsistente Schlüsse ziehen. Interessanterweise waren sich die Probanden in keiner Art und Weise bewusst, dass sie durch die jeweils verwendete Metapher beeinflusst wurden [10].

Die Experimente von Thibodeau und Boroditsky machen deutlich, dass wir uns durch Metaphern unbewusst inspirieren und gar beeinflussen lassen. Die Werbung nutzt diesen Mechanismus schon seit Langem. Und auch Politiker bedienen sich gerne geeigneter Metaphern, um die Öffentlichkeit von ihrer Meinung zu überzeugen. Beispiele dafür gibt es zuhauf. Nehmen wir den Euro-Rettungsschirm. Diese Metapher suggeriert, dass wir einen Schirm erhalten, der uns wie ein Regenschirm vor dem garstigen Wetter schützt, in das wir unverschuldet geraten sind. In Tat und Wahrheit geht es jedoch um so komplexe Gebilde wie ganze Staaten mit Millionen von Menschen, die durch die Finanzkrise ins Straucheln gerieten und von der EU Milliarden von Euros erhalten, um damit zu versuchen, ihre Wirtschaft wieder einigermaßen zu stabilisieren. Die Metapher des Rettungsschirms erlaubt es, bei der Bevölkerung Assoziationen auszulösen, die Interventionen in ein hochkomplexes System einfach und plausibel erscheinen lassen [11].

**Bilder und Metaphern nutzen**
Wie nutzen wir das Wissen um die Bedeutung der Metaphern im Zusammenhang mit gehirngerechtem Arbeiten?

Beschreiben Sie Ihren Alltag in Bildern, verwenden Sie Metaphern für herausfordernde Situationen und Konstellationen. Erklären Sie komplexe Sachverhalte mithilfe von Analogien. Nutzen Sie eine positiv assoziierte, bildhafte Sprache. Seien Sie sich darüber im Klaren, dass die verwendete Metapher auf die Richtung von Diskussionen, Lösungsvorschlägen und Entscheidungen einwirkt. Verwenden Sie die Metaphern im Bewusstsein, dass Sie dadurch entscheidend Einfluss nehmen. Positiv bewertete Metaphern lenken Sie in eine positive Richtung, negativ assoziierte in eine negative. Probleme werden dadurch größer, kniffliger und belastender. Oder sie können als lösbare Herausforderung betrachtet werden.

Sind Sie noch in der Tretmühle oder befinden Sie sich schon auf einem spannenden Parcours?

## 2.4   Leitsatz 4: Die Lösung fokussieren, nicht das Problem

Ihr Antrag auf eine Budgeterhöhung wird abgelehnt. Oder die Projektidee, für die Sie sich mit viel Begeisterung und Herzblut ins Zeug gelegt haben, wird vom Steuerungsgremium verworfen. Oder die Spannungen in Ihrem Team werden von Tag zu Tag größer und belasten das Klima und die Arbeitsleistung zusehends. Was nun?

Unser Gehirn kann nicht gleichzeitig das Problem intensiv durchleuchten und nach Lösungen suchen. Beides benötigt unsere volle Aufmerksamkeit und die ist – wie wir mittlerweile wissen – nicht teilbar. Wir müssen uns für eines der beiden entscheiden: Entweder ich richte mein Augenmerk auf das Problem, benenne, bewerte und analysiere es und forsche nach den Ursachen. Oder mein Schwerpunkt liegt auf der Lösung, meinen Visionen und den damit verbundenen Gefühlen und ich arbeite daran, was ich wie verändern muss, um die Lösung umzusetzen. Je nach Thematik hat das eine wie das andere seine Berechtigung.

Lösungsorientierung ist in den vergangenen Jahren richtiggehend zum Modewort verkommen. Viele zählen sie zu ihren Kompetenzen, lösungsorientiert arbeiten scheint DER Schlüssel zum Erfolg zu sein. Doch was bedeutet es, die Lösung zu fokussieren anstelle des Problems? Wie schaffen wir das? Und welche Auswirkungen sind damit verbunden?

## 2.4.1  Unser Gehirn neigt zur Problemorientierung

Die natürliche Neigung unseres Gehirns geht zum Problem hin und nicht zur Lösung, da ein Problem für uns Menschen immer eine bedrohliche Lage darstellt. Und jede Bedrohung zieht unsere volle Aufmerksamkeit auf sich, sie muss um jeden Preis abgewendet werden. Nur unsere problemorientierten Vorfahren überlebten demzufolge und gaben ihre Gene an die Nachkommen weiter. Denken Sie an das Beispiel mit dem Urmenschen, der durch den Wald geht und ein Rascheln im Gebüsch hört (Abschn. 2.2.1). Wer sich dabei in Gefahr wähnte, erhöhte seine Chancen, die Situation zu überleben. Wer hingegen nur Positives vermutete, nach dem Motto „Das ist ganz bestimmt nur ein Vogel, der sich verirrt hat", lief Gefahr, nicht genügend vorbereitet zu sein, wenn es sich doch um einen Säbelzahntiger handelte. Denken in positiv orientierten Lösungen verminderte demnach die Möglichkeit, seine Gene an nächste Generationen weiterzugeben. Daher richtet unser Gehirn instinktiv seinen Fokus auf das Problem. Sich einer möglichen Lösung zuzuwenden, entspricht nicht der natürlichen Neigung unseres Denkorgans.

▶     Jedes Problem stellt eine potenzielle Gefahr dar. Daher widmet sich unser Gehirn jedem Problem von Natur aus mit höchster Aufmerksamkeit.

Allerdings: Je mehr und intensiver wir uns mit dem Problem beschäftigen, desto größer wird das Problem. Aus neurologischer Sicht aktivieren wir mit zunehmender Dauer immer mehr „problemorientierte" Gehirnbereiche und die vernetzen sich immer stärker. „What fires together, wires together." Die Gefahr: Wir sehen vor lauter Problemorientierung die Lösungen nicht mehr.

**Von der Problemebene auf die Lösungsebene kommen**
Je besser wir es schaffen, die Problemorientierung zu verlassen und uns bewusst mit der Lösung zu beschäftigen, desto vielfältiger und klarer werden unsere Lösungsmöglichkeiten. Steve de Shazer, ein US-amerikanischer Psychotherapeut, begründete gemeinsam mit seiner Frau Insoo Kim Berg die lösungsorientierte Kurzzeittherapie [12]. In ihren Anfängen als Familientherapeuten erlebten sie die Probleme ihrer Klienten als erdrückend schwer und zumeist schier unlösbar, was für die Klienten wie für die Therapeuten belastend war. Insoo Kim Berg fragte einmal eine Klientin, was ihr denn helfen würde in der momentanen Situation. Die Klientin seufzte tief und antwortete, ihr Problem sei so riesig groß, dass ein Wunder geschehen müsste, damit es ihr besser ginge. Kim Berg ging darauf ein und fragte die Frau, was denn anders wäre in ihrem Leben, wenn wirklich ein Wunder geschehen würde. Zu ihrem Erstaunen begann die Frau, die vorher in einer abso-

luten Sackgasse steckte, von ihrer Vision eines völlig anderen Lebens zu erzählen. Während sie das tat, blühte sie sichtlich auf, je länger sie erzählte, desto positiver wirkte sich das auf ihren Zustand aus und sie sah die Welt nach und nach mit ganz anderen Augen.

Das war der Auslöser zur Entwicklung der Wunderfrage, mit welcher Kim Berg und de Shazer künftig ihre Klienten von der Problem- auf eine Lösungsebene führten. In der lösungsorientierten Kurzzeitberatung wird die Wunderfrage auch heute noch regelmäßig gestellt. Der Coach bittet den Klienten, sich vorzustellen, es geschehe über Nacht ein Wunder. Das Wunder bestehe darin, dass alle Probleme des Klienten nun gelöst seien. Da der Klient in der Nacht schliefe, habe er vom Wunder nichts mitgekriegt. Nun erfragt der Coach in allen möglichen Richtungen, woran der Klient merke, dass seine Probleme gelöst sind.

Kim Berg und de Shazer beobachteten, dass die Verlagerung des Fokus unmittelbare Auswirkungen hatte für die Klienten. Sobald sie sich nur noch mit der Lösung auseinandersetzten, veränderte sich ihre Körperhaltung, ihre Gesichtszüge wurden weicher, ihr Blick klarer und mit weiteren gezielten Fragen schafften es die Therapeuten, dass ihre Klientel selber echte und umsetzbare Lösungen entwickelte, die nachhaltig wirksam waren.

Was seinerzeit eher durch Zufall entdeckt wurde, kann heute mithilfe der modernen Hirnforschung belegt werden. Bei der Auseinandersetzung mit Problemen sind andere Hirnregionen aktiv als bei jener mit Lösungen. Bei Letzterem wird viel positive Energie erzeugt und die lösungsorientierten Hirnregionen beginnen sich zu vernetzen. Wie wir gesehen haben, verbinden sich die aktivierten Hirnregionen zu einem größeren Schaltkreis, die Nervenzellen im Gehirn werden ausgebaut, wenn Sie einem Thema intensive Aufmerksamkeit schenken. Da es nicht unserer Natur entspricht, zur Lösung hin zu denken, muss der Schritt ganz bewusst gemacht oder von außen angestoßen werden.

▶    Im Fokus liegt die wahre Macht. Und den Fokus bestimmen wir selber.

**Den Fokus über unsere Sprache verändern**

Wie können wir unseren Fokus verändern, weg vom Problem, hin zur Lösung? Eine entscheidende Rolle spielt unsere Sprache. Wie beschreiben Sie Ihre Situation, Ihr Problem? Wie benennen und bewerten Sie es? Welche Erklärungen und Schlussfolgerungen äußern Sie? Welche Worte benutzen Sie, um sich selbst, die Beziehung zu sich und zu anderen zu formulieren?

Wenn Sie Ihre Situation als schwierig und ausweglos, Ihre Probleme als erdrückend und sich selber als jemand bezeichnen, dem nie etwas so richtig gelingt, dann richten Sie Ihren Fokus unweigerlich darauf, was nicht funktioniert und verstärken die abwärtsdrehende Problemspirale. Die Gefahr, von den Problemen beherrscht zu werden, wird größer und größer. Sie werden höchstens darin bestärkt, dass Sie wirklich nie etwas auf die Reihe kriegen. Was lösen diese Zeilen in Ihnen aus? Wie zuversichtlich fühlen Sie sich, dass Sie mit dieser Beschreibung Lösungen finden? Ich nehme an, Sie werden dabei wohl kaum vor hoffnungsvoller Zuversicht strotzen, oder?

Und wie sieht es aus, wenn Sie Ihre Situation als schwierig, aber als durchaus lösbar bezeichnen? Wenn Sie sich fragen, welche Anforderungen eine gute Lösung erfüllen muss? Wenn Sie sich auf Ihre Kompetenzen und Stärken besinnen, die Ihnen in der Vergangenheit schon mehrfach geholfen haben, um Auswege und Lösungen zu finden? Wahrscheinlich werden Sie sich bei dieser Beschreibung wesentlich besser fühlen als bei der ersten. Gleichzeitig steigt die Wahrscheinlichkeit, dass Sie in der Tat Lösungen finden und die Probleme bewältigen.

Entscheidend ist demnach die Wortwahl. Achten Sie darauf, welche Worte Sie im Alltag verwenden und setzen Sie bewusst Ausdrücke und Bezeichnungen ein, die positiv besetzt sind. So aktivieren Sie in Ihrem Gehirn die lösungsorientierten Vernetzungen.

▶   Hoffnungsvolle Metaphern nähren unsere Zuversicht und aktivieren
     lösungsorientierte Gehirnnetzwerke.

Wie wir in Abschn. 2.3.3 gesehen haben, wirken Metaphern und Analogien sehr ausgeprägt auf unser Denken und unsere Einstellung. Metaphern sind mitunter eines unserer wichtigsten Denkwerkzeuge. Sie erlauben das Verstehen komplexer Zusammenhänge, sie erleichtern es, uns Wissen anzueignen und manches in unserer Welt überhaupt zu begreifen. Und sie verschaffen uns Zugang zur Lösungsebene, wenn wir hoffnungsvolle Metaphern verwenden für die Situationen, in denen wir uns befinden.

## 2.4.2   Lösungsorientierung als Lebenshaltung

Lösungsorientierung als Lebenshaltung schärft unseren Blick auf das, was funktioniert, was uns gut tut, was positiv ist in unserem Leben. Sie vermag uns neue Sichtweisen zu eröffnen und Auswege aus Sackgassen aufzuzeigen, ohne Probleme zu verdrängen oder herunterzuspielen. Auch Niederlagen und ganz dunklen Momenten im Leben Positives abgewinnen ist zwar nicht einfach, aber eine Fähigkeit von unschätzbarem Wert.

Lösungen in den Mittelpunkt zu stellen bedeutet außerdem, sich seiner Eigenverantwortung bewusst zu sein und die anstehenden Probleme unmittelbar anzugehen. Je früher, desto besser, idealerweise solange sie noch überschaubar sind. Wir sind nicht länger Opfer unserer Umgebung, der Situation oder unseres Schicksals, sondern haben es selber in der Hand, Lösungen zu entwickeln und umzusetzen.

**Was ist das Schlimmste, was uns passieren kann?**
Wenn die Budgeterhöhung abgelehnt, die Projektidee verworfen oder die Spannungen im Team groß sind, nützt es augenscheinlich niemandem, wenn Sie auf die Entscheider oder auf einzelne Teammitglieder wütend sind, Schuldige identifizieren und sich im Problemelend suhlen. Vielmehr geht es darum, mögliche Gründe zu klären, Bedürfnisse zu erfragen und sich dann ausführlich damit zu beschäftigen, was getan werden kann, damit sich die Situation verbessert, welche bislang unentdeckten Lösungsvarianten auch möglich sind und wie das Beste aus der momentanen Sachlage gemacht werden kann. Das geschieht nicht auf die Schnelle, sondern erfordert viel Arbeit, intensive Diskussionen, eine vertiefte Auseinandersetzung mit Lösungsalternativen und ein konstruktives Miteinander aller Beteiligten. Und oftmals ist es hilfreich, wenn wir uns fragen: „Was ist das Schlimmste, was uns passieren kann, wenn wir uns so oder so verhalten oder für diese und jene Lösung entscheiden?“ Oftmals sind die Konsequenzen nicht wahrhaftig schlimm.

Meine kreativsten und besten Lösungen habe ich beruflich wie privat immer dann entwickelt, wenn ich vorher eine vermeintliche Niederlage einstecken musste. Ich wurde gezwungen, meine bisherigen Denkmuster zu durchbrechen, in ganz neue Dimensionen vorzustoßen und völlig neue Wege zu beschreiten. Nur so kam ich auf Ideen und Lösungen, von denen ich zuvor noch keinen blassen Schimmer hatte und die ich nie entdeckt hätte ohne die scheinbaren Misserfolge.

▶    Wir wachsen nie so stark wie an Herausforderungen – als Persönlichkeit
ebenso wie bei unseren Gehirnvernetzungen.

Es gilt, den Kopf nie in den Sand zu stecken. Ganz im Gegenteil: Probleme anpacken, statt sie vor sich herzuschieben, sich den Herausforderungen stellen, statt ihnen auszuweichen, und nach vorne zu schauen, statt den verpassten Möglichkeiten nachzutrauern.

Wir wachsen an den wirklich schwierig zu bewältigenden Umständen, Konstellationen und Sachverhalten – als Persönlichkeit und hinsichtlich unserer Gehirnvernetzungen. Ketzerisch ließe sich fragen, wer von uns enden wolle wie die domestizierten Tiere, die Darwin untersuchte und deren Gehirn um 30 bis 50 % schrumpfte im Vergleich mit jenen, die in der Wildnis tagtäglich herausgefordert wurden (siehe Abschn. 1.3). Eine Antwort darauf erübrigt sich.

### 2.4.3  Neubewertung durch Perspektivenwechsel

Eine wichtige Technik der lösungsorientierten Grundhaltung ist die Neubewertung durch einen oder mehrere Perspektivenwechsel. Wenn wir eine Situation aus den Augen eines anderen Menschen betrachten, sich seiner Anliegen und Bedürfnisse bewusst werden, wird diese Situation augenblicklich neu bewertet. Dasselbe geschieht, wenn wir die Perspektive einer anderen Kultur einnehmen. Oder auch nur unsere Sicht der Dinge zu einem späteren Zeitpunkt oder mit etwas Distanz nochmals kritisch hinterfragen. Unser Nutzen: Uns eröffnen sich im wahrsten Sinne des Wortes neue Sichtweisen, die Lösungs- und Verhaltensmöglichkeiten vervielfachen sich, der eigene Denkhorizont wird weiter und die Probleme des Alltags erscheinen in einem anderen Licht.

Die lösungsfokussierte Grundhaltung können Sie auf alle Lebensbereiche übertragen. Was nützt es, sich über das miese Wetter im Urlaub zu ärgern? Wie sehr helfen Sie Ihren Kindern langfristig, wenn Sie ihnen alle Steine vorsorglich und wohlgemeint aus dem Weg räumen und ihnen nur wenige (altersgerechte) Erfahrungsräume bieten? Was bringt es Ihrer Beziehung, wenn Sie sich über die Macken Ihres Partners oder Ihrer Partnerin aufregen und ihn oder sie verändern wollen, statt das Gegenüber anzunehmen wie es ist, mit allen Schwächen und Stärken? Und weshalb tun wir es nicht? Steve de Shazer hat den Nagel auf den Kopf getroffen mit seiner Aussage: „It's simple, but not easy." Doch wir können es schaffen, uns mit viel Übung die Lösungsorientierung immer und immer wieder ins Bewusstsein zu bringen.

---

#### Ein Beispiel zur gelebten Lösungsorientierung

Nehmen wir an, Sie sind für ein strategisches Projekt verantwortlich, an welchem Sie seit Monaten intensiv arbeiten. Um die Akzeptanz des Projekts zu erhöhen, präsentieren Sie die Projektidee und die damit einhergehenden Veränderungen in sämtlichen Abteilungen des Unternehmens. Auch der Außendienst ist vom Projekt direkt betroffen. Alle Mitarbeitenden des Außendienstes treffen sich einmal pro Jahr zu einem Team-Tag. Es ist dies das einzige Mal, dass wirklich alle versammelt sind. Dieses Jahr sind Sie eingeladen, um das Projekt vorzustellen.

Leider fällt der Tag genau auf ein Datum, an welchem Sie Ihrer Familie schon seit Langem versprochen haben, an einen ganz besonderen Jahrmarkt zu fahren. Der findet nur an diesem Tag statt und die ganze Familie freut sich seit Monaten darauf. Einen Stellvertreter können Sie nicht entsenden, da dieser soeben gekündigt hat und bis zum Termin nicht mehr im Unternehmen arbeitet.

Was nun? Enttäuschen Sie Ihre Familie, weil Ihnen der Erfolg Ihres Projektes so am Herzen liegt? Oder vergrämen Sie die Außendienstler, weil die Familie vorgeht und gefährden so zumindest einen Teil des Projekterfolgs? Wahrhaft ein Dilemma, das schlaflose Nächte bereiten kann.

Das Problem ist erkannt. Nun möchten wir auf die Lösungsebene gelangen. Mithilfe dieser oder ähnlicher Fragen können Sie tragfähige Lösungen entwickeln:

a. **Welche Kriterien muss eine optimale Lösung erfüllen?**

Mögliche Antworten: den Jahrmarkt mit der Familie besuchen, das Projekt kompetent präsentieren am Meeting des Außendiensts. Beides muss irgendwie möglich sein. Der beruflichen oder der privaten Seite eine Absage zu erteilen ist kein gangbarer Weg.

b. **Welche möglichen Lösungsvarianten gibt es?**

Wenn der Familientag höchste Priorität hat, dann gilt es, für die Projektpräsentation optimale Lösungsvarianten zu finden. Wer aus dem Projektteam kann und will das übernehmen? Wie kann ich den Leiter des Außendienstes einbinden, ihn im Vorfeld informieren und ihn zum Botschafter für das Projekt gewinnen?

c. **Was müssen Sie tun, um die Lösung umzusetzen?**

So rasch wie möglich sollen die Alternativen diskutiert und ein Entscheid gefällt werden, wer die Präsentation übernimmt. Ihre Aufgabe ist es, die entsprechende Person zu instruieren, im Vorfeld zu unterstützen und alle notwendigen Informationen zur Verfügung zu stellen und allenfalls aufzubereiten.

Wie hätten Sie dieses Dilemma gelöst? Hätten Sie Ihrer Familie abgesagt? Vermutlich hätten nicht alle Menschen dem Familientag den Vorzug gegeben. Was löst die oben getroffene Wahl bei Ihnen aus?

Das Beispiel zeigt auf, dass wir einen Preis zahlen und Nachteile in Kauf nehmen müssen, egal wie wir uns entscheiden. Entweder verpassen wir einen einzigartigen Tag mit der Familie oder eine einmalige Gelegenheit, die unmittelbaren Rückmeldungen der Außendienstler zu erhalten und adäquat darauf zu reagieren. Die Frage ist, welchen Preis wir eher bereit sind zu bezahlen. Denn trotz der unzähligen Möglichkeiten, die die heutige Welt bietet, können wir dennoch nicht alles haben und nicht alles gleichzeitig.

Gelebte Lösungsorientierung meint, dass wir nicht nur einen Entscheid treffen und diesen dann kommunizieren, sondern dass wir Lösungen vorschlagen, die allen Beteiligten und Betroffenen helfen, wesentlich besser mit der getroffenen Entscheidung umzugehen. Wenn es uns in diesem Beispiel gelingt, den Leiter des Außendienstes zum enthusiastischen Botschafter unseres Projekts zu machen, haben wir vielleicht viel mehr gewonnen als wenn wir selber das Projekt vorgestellt hätten.

## 2.5  Leitsatz 5: Keine unnötigen Qualen

Wir müssen, wir sollten, wir fühlen uns verpflichtet, wir sind unter Druck, wir haben keine andere Wahl ... Unser Arbeitsalltag ist oftmals geprägt von vielen Zwängen, nicht wenige von uns fühlen sich unfrei bei ihrer Arbeit, unsere Autonomie wird durch vorgegebene Abläufe, Regelungen, Vorschriften, aber auch durch Zielvorgaben, Kundenwünsche, Vorgesetztenverhalten und teilweise durch unsere Arbeitskollegen stark eingeschränkt. Wir können viel zu selten tun und lassen was wir wollen bei der Arbeit. Dabei demotiviert wenig so sehr wie eine eingeschränkte Selbstbestimmung. Für einige wird so die Arbeit regelrecht zur Qual. Wie verhindern wir diese quälenden Einschränkungen? Wie gehen wir gelassener damit um?

### 2.5.1  Unsere Traumtötersprache

Lassen Sie sich bitte auf das folgende Experiment ein:

Notieren Sie in einem ersten Schritt drei Dinge oder Aufgaben, die Ihnen keinerlei Freude bereiten, von denen Sie jedoch denken und der festen Überzeugung sind, sie tun zu müssen. Das können Tätigkeiten aus dem beruflichen oder aus Ihrem privaten Alltag sein.
Übersetzen Sie nun jeden Punkt auf Ihrer Liste wie folgt: „Ich erledige die Aufgabe . . . , weil mir . . . wichtig ist."
Und im abschließenden Schritt schreiben Sie die Aufgaben nochmals um: „Ich habe frei gewählt, . . . zu tun, denn ich möchte . . . "
Was verändert sich für Sie mit diesen Umformulierungen?

Im besten Fall entdecken Sie hinter Ihren ungeliebten Handlungen einen Sinn, was sich positiv auf Ihre Einstellung der entsprechenden Tätigkeit gegenüber auswirkt. Und wenn Sie keinen Sinn darin sehen und nichts finden, dass Ihnen wichtig genug erscheint?

Die obenstehende Übung stammt – in leicht adaptierter Form – von Marshall B. Rosenberg, dem Begründer der Gewaltfreien Kommunikation. Er nennt die von Musszwängen beherrschte Ausdrucksweise „Traumtötersprache", da wir dadurch mit uns selber gewalttätig umgehen und unsere Träume töten [13].

Als Rosenberg diese Übung für sich selber zum ersten Mal durchführte, arbeitete er als Psychiater. Einer der Punkte lautete: „Patientenberichte schreiben." Er hasste diese Aufgabe und saß dennoch täglich über eine Stunde wie gelähmt über den Berichten. Ein weiterer Punkt auf seiner Liste: „Fahrdienst für meine schulpflichtigen Kinder."

Für die Patientenberichte konnte er beim besten Willen kein Bedürfnis finden beim Umformulieren, da er der festen Überzeugung war, dass der Nutzen der Berichte für die Patienten in keinem Vergleich zum Zeitaufwand stand. Daher notierte er, dass er einzig wegen des daraus resultierenden Einkommens Patientenberichte schrieb. Ihm wurde nach einiger Zeit klar, dass er sich lieber einen anderen Job suchen würde als weiterhin diese Berichte zu schreiben. So ließ er es sein. Von einem Tag auf den anderen. Und was geschah? Nichts.

Beim Fahrdienst, den er als lästige Pflicht empfand, verhielt es sich anders. Zwar hätten seine Kinder zu Fuß in die Schule in der Nachbarschaft gehen können, doch die von ihnen besuchte Schule bot eine weitaus größere pädagogische Übereinstimmung mit dem, was Rosenberg wichtig war. Das lag ihm so am Herzen, dass er fortan mit einer ganz anderen Einstellung zur Schule hinfuhr – auch wenn er sich immer wieder selber daran erinnern musste.

Sie denken nun vielleicht: „Naja, so einfach ist das bei mir nicht. Meinen Job kann ich nicht so mir nichts, dir nichts aufs Spiel setzen, nur weil mir einige Aufgaben nicht passen." Das müssen Sie auch nicht.

Auf meiner persönlichen Liste steht unter anderem „eine mühsame Klasse unterrichten". Ich bin Teilzeit in der Erwachsenenbildung tätig und der Unterricht in der einen oder anderen Klasse ist enorm aufreibend, zähflüssig und raubt mir sehr viel Energie. Das stetige Bemühen, die Konsumhaltung zu durchbrechen und Studenten für Themen zu motivieren, für die sie sich überhaupt nicht interessieren, macht manchmal überhaupt keinen Spaß. Weshalb tue ich mir das an? Des Geldes wegen? Das wäre ein sehr schwacher Antrieb. Bestätigung in Form von Anerkennung oder Lob erhalte ich von den Studierenden kaum. Aus Pflichtgefühl? Ich habe nicht das Gefühl, diesen jungen Menschen, die diese Weiterbildung notabene freiwillig absolvieren, verpflichtet zu sein.

Rosenberg will mit seiner „Traumtöter"-Übung das Bewusstsein kultivieren für die Energie, die hinter unseren Handlungen steckt. Viele unserer Handlungen sind durch den Wunsch nach Geld, nach Anerkennung, durch Angst, Scham oder Schuldgefühle motiviert, oder weil wir einer Bestrafung entgehen wollen. Das sind alles Beweggründe, für die wir einen Preis zahlen müssen. Die Frage ist, ob wir dazu bereit sind. Oder wie hoch unser Leidensdruck ist. Grundsätzlich haben wir immer die Wahl, ob wir etwas tun oder sein lassen. Wir tragen die Konsequenzen für unser Handeln und bezahlen in der einen oder anderen Form sowieso einen Preis. Das Bewusstsein für diese Zusammenhänge stärkt unsere Selbstverantwortung. Wir sind nicht mehr länger Gefangene und Opfer der Situation oder der äußeren Umstände und können niemandem als uns selber die Schuld geben. Nicht für unser Unglück. Aber auch nicht für unser Glück.

Uns stehen viel mehr Wahlmöglichkeiten offen, als wir gemeinhin annehmen. Ein mutiges Hinterfragen von scheinbar geltenden Grenzen und Hemmnissen lohnt sich.

Wie verhält es sich mit Ihren „Traumtöter"-Aufgaben? In welchem Licht sehen Sie die nun? Was werden Sie daran ändern?

### Die Wichtigkeit der Wahlfreiheit

Die Autonomie, das Gefühl der Selbstbestimmung, ist für uns von enormer Wichtigkeit. Wird die Autonomie beschränkt, fühlen wir uns fremdbestimmt und ausgeliefert. Wir können die Ergebnisse nicht mehr oder nur noch eingeschränkt selber beeinflussen. Das erzeugt in uns eine unwillkürliche Abwehrhaltung und setzt uns unter negativen Stress. Untersuchungen zeigen, dass dieselben Stressoren viel schädlicher auf uns einwirken, wenn wir uns dem Stressor ausgeliefert fühlen, als wenn wir das Gefühl haben, die Situation wenigstens in einem gewissen Maß noch kontrollieren zu können.

An der Wahrnehmung unserer Autonomie ist das *limbische System* stark beteiligt. Selbst ein sehr kleiner Eindruck von Wahlmöglichkeit scheint die Erregung des limbischen Systems zu beeinflussen, sodass wir eher zugewandt statt ablehnend reagieren. Dabei spielt es keine Rolle, ob es sich bei der Wahlmöglichkeit um echte Alternativen handelt.

Hierzu ein Beispiel aus der Kindererziehung: Kinder in einem gewissen Alter zu Bett zu bringen kann ganz schön herausfordernd und anstrengend sein. Immer finden sie wieder einen neuen Grund, um länger aufzubleiben, endlose Diskussionen bringen erfahrungsgemäß nicht viel. Haben die Kinder jedoch eine Wahlmöglichkeit, lassen sie sich viel eher dazu bewegen, von sich aus ins Bett zu gehen – auch wenn sie „bloß" wählen dürfen, ob sie nach dem Zähneputzen eine Geschichte hören möchten oder ob wir gemeinsam ein Gutenachtlied singen. Die Kinder dürfen eine Wahl treffen und erleben Autonomie. Die Diskussion, ob es zu früh ist, um ins Bett zu gehen, ist vom Tisch. Der Fokus richtet sich auf zwei Optionen, die beide angenehm erscheinen.

Weshalb unterrichte ich immer noch – und zwar nicht nur in den angenehmen Klassen? Solange es mir gelingt, diesen Unterricht als persönliche Herausforderung

anzusehen, der meine Handlungsalternativen in schwierigen Situationen vergrö-
ßert, kann ich mich dafür motivieren und macht das Unterrichten für mich Sinn.
Solche Herausforderungen erfolgreich zu bewältigen, gibt mir ein tolles Gefühl,
auch wenn ich mich das eine oder andere Mal wahrhaft aufraffen muss, um das in
Angriff zu nehmen.

Wenn wir Unangenehmes erfolgreich meistern, belohnen wir uns innerlich.
Und zwar im wahrsten Sinne des Wortes. Denn wir besitzen alle ein ausgeklügeltes
Belohnungssystem. Wo sich das befindet? Sie ahnen es: Das sitzt in unserem Gehirn.

### 2.5.2  Unser Belohnungssystem

Essen, Arbeiten, Fortpflanzen – ohne unser Belohnungssystem würden wir wohl
überhaupt nichts tun. Bei diesem System spielen die Neurotransmitter *Dopamin*
und *Serotonin* eine entscheidende Rolle. Wie funktioniert dieses Belohnungssystem? Wann werden diese Belohnungsboten ausgesandt? Inwiefern lässt sich dieses
System aktiv beeinflussen?

Ohne Dopamin wären wir antriebslos und hätten auf gar nichts Lust. Es erlaubt
uns jedoch auch, alles um uns herum richtig wahrzunehmen und ist ständig auf
der Suche nach allem, was uns einer Belohnung näher bringt. Dank Dopamin
können wir so richtig Gas geben und gar in einen regelrechten Schaffensrausch
gelangen. Das Zufriedenheitshormon Serotonin sorgt dafür, dass wir nach einer
Schaffensphase in einen Zustand der Muße und Erholung gelangen.

Unser Gehirn betrachtet enorm Vieles als belohnungswürdig. Egal, ob Sie Ihre
grundlegenden Bedürfnisse wie die Nahrungsaufnahme befriedigen, ob Sie Sport
treiben, ob Sie selbst gesteckte Ziele erreichen oder ob Sie eine herausfordernde
Aufgabe soeben erledigt haben – alle positiven Verstärker werden vom Gehirn
belohnt. Enorme Glücksgefühle erleben Sie, wenn Sie unangenehme Aufgaben
erledigen oder große Rückstände abarbeiten. Je höher der innere Druck, desto
größer die Belohnung. Doch es ist gar keine Notlage notwendig. Es reicht allein die
Erwartung, dass es eine Belohnung geben wird, damit die Botenstoffe ausgesendet
werden. Das bedeutet: Wenn wir unsere Erwartungen bewusst steuern, stimulieren
wir unser Belohnungssystem.

#### So funktioniert das Belohnungssystem in unserem Gehirn

Zum Belohnungssystem in unserem Gehirn zählen verschiedene Areale, unter anderem das
Mittelhirn, der präfrontale Cortex und Teile des limbischen Systems wie der *Nucleus ac-
cumbens*, der fortlaufend bewertet, was wir erleben. Denken Sie beispielsweise an ein kühles
Feierabendbier, wird im Mittelhirn Dopamin ausgeschüttet. Dieser Botenstoff dockt anschließend an unser Bewusstsein an, wo eine bewusste Erwartung von Zufriedenheit und

Freude entsteht. Tritt das Ereignis ein, in unserem Beispiel das Trinken des kühlen Biers, meldet die Großhirnrinde und damit unser Bewusstsein positive Erlebnisse an das entsprechende Areal zurück und schließt die sogenannte *ventrale Schleife*. Daraufhin wird Serotonin ausgeschüttet. Dieser Botenstoff gilt als Zufriedenheitshormon, es wirkt auf uns beruhigend und befriedigend und sorgt für ein harmonisches Gefühl des Wohlbefindens. Spüren Sie, wie das kühle Bier Ihre Kehle hinunterläuft und das wohlige Gefühl, das sich in Ihrem Körper ausbreitet?

**Abhängigkeit und Sucht**
Leider lässt sich der Weg der neuronalen Belohnung abkürzen und die Belohnung intensiv verstärken: durch die Einnahme von Drogen. Die greifen in die komplexen Mechanismen unseres Belohnungszentrums ein. Die Dopamin-Rezeptoren werden stärker und länger aktiviert. Der Drogenstimulus ist bis zu zehnmal heftiger als jener beim Essen. Der Rest des Gehirns ordnet sich fatalerweise dieser Veränderung im Belohnungssystem unter, die Droge wird zum Mittelpunkt des Handelns. Um denselben Effekt zu erzielen, muss die Dosis häufig weiter erhöht werden, weil das Belohnungssystem abstumpft. Die zerstörerische Spirale beginnt.

Auch Glücksspiele oder Computerspiele können auf die gleiche Weise süchtig machen, unser Belohnungssystem gerät dadurch in einen wahren Rausch.

Abhängigkeit ist demnach eine Hirnkrankheit, wie es Alan Leshner, langjähriger Chef des staatlichen Instituts für Drogenmissbrauch in den USA, formuliert.

### 2.5.3   Die Rolle der Erwartungen

In Abhängigkeit davon, was wir erwarten, verändert sich die Informationsverarbeitung in unserem Gehirn und die Art unserer Wahrnehmung. Erwartungen aktivieren den Dopamin-Schaltkreis. Jene Erwartungen erhalten Vorrang, bei denen unser Gehirn aufgrund der Erfahrung annimmt, dass eine Belohnung eintritt. Und das hat einen großen Einfluss auf unsere Wahrnehmung und auf unser Verhalten. Sehen Sie sich die drei Zeichen in der Abb. 2.3 an. Unserer Erwartung entsprechend, zeigt das mittlere Zeichen den Buchstaben B. Wenn Sie sich nun dasselbe mittlere Symbol in der Abb. 2.4 anschauen, wird aus dem Buchstaben B die Zahl 13, obwohl es sich exakt um dasselbe Zeichen handelt. Sinnvollerweise erwarten wir in dieser Zeichenfolge drei Zahlen, was unsere Wahrnehmung beeinflusst. Wir nehmen das wahr, was wir zu sehen erwarten.

**Abb. 2.3**  Unsere Erwartungen bestimmen unsere Wahrnehmung: Buchstaben

**Abb. 2.4**  Unsere Erwartungen bestimmen unsere Wahrnehmung: Zahlen

Wollen wir unser Belohnungssystem bewusst aktivieren, können wir das über unsere Erwartungen steuern. Ein Idee für die Praxis: Nehmen wir an, Sie führen eine Liste mit den Aufgaben für den heutigen Tag. Sie haben vier dringende und wichtige Arbeiten aufgeführt. Leider geht heute wieder einmal alles drunter und drüber, jeder will etwas von Ihnen, alle spontanen Aufträge sind hyperdringend und am Ende des reich befrachteten Arbeitstages haben Sie keine einzige Ihrer geplanten Aufgaben erledigt. Sie fühlen sich wie im Hamsterrad, sind frustriert und deprimiert. Von innerer Belohnung ist weit und breit nichts zu spüren. Sie konnten Ihre eigenen Erwartungen nicht erfüllen.

Wenn Sie sich angewöhnen, auf Ihre Aufgabenliste mindestens eine Tätigkeit zu setzen, die Sie auf jeden Fall, wirklich zu 100 % erledigen können, dann haben Sie zwar fünf statt nur vier Arbeiten aufgeführt, doch wenn Sie am Abend die Liste wieder betrachten, ist ein Fünftel erledigt. Das Gefühl beim nach Hause gehen ist unvergleichlich anders. Sie haben etwas von der Liste geschafft. Selbst wenn es sich dabei nur um die gemeinsame Kaffeepause mit Ihren Kollegen oder Ihrem Team handelt und die übrigen vier Aufgaben nach wie vor nicht erledigt sind. Trotz allem wird Ihr Belohnungssystem aktiviert und schüttet wohltuende Botenstoffe aus.

Sie können noch mehr tun: Ergänzen Sie Ihre Liste im Nachhinein mit allen Dingen, die Sie heute zusätzlich getan haben und streichen Sie diese gleich wieder durch, da sie erledigt sind. Sie werden auf einen erfolgreichen Arbeitstag zurückblicken, an dem Sie viel erreicht haben. Somit überlisten Sie Ihr Belohnungssystem zuverlässig, ganz ohne Risiken und Nebenwirkungen.

Wir werden im Kap. 4 bei der Umsetzung Ihrer Ziele im Alltag nochmals auf die entscheidende Rolle der Erwartungen zurückkommen.

**Das Wichtigste in Kürze**

- Fokussieren Sie Ihre Aufmerksamkeit bewusst auf das, was Sie im Moment tun, üben Sie sich in Singletasking, indem Sie sich auf eine einzige Aufgabe konzentrieren und in dieser Zeit dafür sorgen, dass Sie nicht gestört werden.
- Erlauben Sie auch den inneren Ablenkungen nicht, Ihnen Ihre Aufmerksamkeit zu stehlen. Sagen Sie explizit zu sich selber, worauf Sie sich momentan

konzentrieren wollen. So aktivieren Sie Ihr Sprachzentrum und steigern Ihre Konzentrationsfähigkeit.

- Machen Sie Ihren Kopf frei, indem Sie konsequent alles aufschreiben, Arbeitsblöcke bilden, bewusst Kurzpausen einlegen, in welchen Sie Ihr Gehirn mit frischem Sauerstoff versorgen und sich auf etwas ganz anderes konzentrieren. Besprechen Sie Belastendes mit einer Person Ihres Vertrauens.

- Stellen Sie sich den Problemen, die auftreten, übernehmen Sie Verantwortung für die Problemlösung und begeben Sie sich aktiv auf die Lösungsebene, indem Sie sich fragen, welche Kriterien eine gute Lösung erfüllen muss, welche Varianten bestehen, wie sich die Beteiligten fühlen werden, wenn das Problem gelöst ist und was konkret getan werden muss, um eine Lösung umzusetzen.

- Quälen Sie sich nicht mit unangenehmen Aufgaben. Finden Sie den Sinn in deren Bewältigung und seien Sie sich Ihrer zahlreichen Wahlmöglichkeiten immer wieder bewusst. Managen Sie Ihre Erwartungen und aktivieren Sie dadurch täglich Ihr inneres Belohnungssystem.

## Literatur

1. Pashler, H. (1994). Dual-task interference in simple tasks: Data and theory. *Psychological Bulletin, 116*(2), 220–244 (Sep. 1994).
2. Mark, G., Gonzalez, V. M., & Harris, J. (2005). No task left behind? Examining the nature of fragmented work. *Proceedings of the SIGCHI Conference on Human Factors in Computing Systems,* CHI 2005, 321–330.
3. Stroop, J. R. (1935). Studies of interference in serial verbal reactions. *Journal of Experimental Psychology, 18,* 643–662.
4. Libet, B., Gleason, C. A., Wright, E. W., & Pearl, D. K. (1983). Time of conscious intention to act in relation to onset of cerebral activities (readiness-potential): The unconscious initiation of a freely voluntary act. *Brain, 106,* 623–642.
5. Libet, B. (1999). Do we have a free will? *Journal of Consciousness Studies, 5,* 49.
6. Lilly, J. C. (1954). *Mental effects of reduction of ordinary levels of physical stimuli on intact healthy persons* (Research Techniques in Schizophrenia; Psychiatric Research Report 5, Gottlieb, J. S. ed.) (pp. 1–9). Washington D.C. (In: Schneider, R. U. (2006): Das Buch der verrückten Experimente. Wilhelm Goldmann Verlag, München): American Psychiatric Association.
7. http://srf3.ch, siehe auch http://www.youtube.com/watch?v=CoYFb3V7oiU. Stand: Januar 2014

8. Chabris, Chr., & Simons, D. (2011). *Der unsichtbare Gorilla. Wie unser Gehirn sich täuschen lässt.* München: Piper.
9. Hüther, G. (2011). *Die Macht der inneren Bilder. Wie Visionen das Gehirn, den Menschen und die Welt verändern.* Göttingen: Vandenhoeck & Ruprecht.
10. Thibodeau, P. H., & Boroditsky, L. (2011). Metaphors we think with: The role of metaphor in reasoning. *PLoS ONE, 6*(2), e16782. doi:10.1371/journal.pone.0016782.
11. Schramm, S., & Wüstenhagen, C. (2012). Die Macht der Worte. Zeit online. http://www.zeit.de/zeit-wissen/2012/06/Sprache-Worte-Wahrnehmung. Stand: Januar 2014.
12. De Jong, P., & Kim Berg, I. (1998). *Lösungen (er)finden. Ein Werkstattbuch der lösungsorientierten Kurzzeittherapie.* Dortmund: Verlag modernes Lernen.
13. Rosenberg, M. B. (2005). *Gewaltfreie Kommunikation. Eine Sprache des Lebens.* Paderborn: Junfermann.

*Ich habe einen Kurs im Schnelllesen mitgemacht und bin
nun in der Lage, ‚Krieg und Frieden' in zwanzig Minuten
durchzulesen. Es handelt von Russland.*

Woody Allen

BITKOM, der Bundesverband Informationswirtschaft, Telekommunikation und neue Medien e. V., wollte mit einer repräsentativen Studie im Jahr 2011 herausfinden, wie wichtig das Internet und die elektronische Vernetzung den Menschen sind und wie wir mit der Informations- und Medienfülle zurechtkommen. Dabei untersuchte BITKOM den Medienkonsum und die Auswirkungen auf unser Berufs- und Privatleben. Die Studie zeigt: Internet und Handy wurden innerhalb weniger Jahre zu einem integralen Bestandteil unseres Lebens. Keine anderen Technologien haben sich so rasant in unserem Alltag durchgesetzt und bestimmen diesen mithin. Weltweit werden heute mehr Handys verkauft als Babys geboren werden. Wir verbringen mehr als die Hälfte unserer wachen Zeit mit elektronischen Medien wie TV, Radio, Internet und Handy. Ein Offline-Leben ist nicht mehr denkbar, 75 % können sich ein Leben ohne Internet nicht mehr vorstellen. Viele organisieren nicht nur den Job, sondern auch das Privatleben größtenteils online [1].

„Ich hatte einen Blackberry, diese kleine Maschine, über die man Mails bekommt, und sie in der Tasche getragen. Ich habe die Mails sozusagen direkt ins Herz bekommen. Das hat immer vibriert. Man bekommt die Nachrichten in den Körper geschickt. Ich habe es nicht ausgehalten, nicht zu gucken. Wenn ich mit Freunden irgendwo saß und es vibrierte, dann musste ich gucken. Manchmal habe ich mich aufs Klo verabschiedet, um kurz zu schauen, wer geschrieben hat. Dieses Ding hat mich über Nacht wie eine elektronische Kopf-Fessel gefangen genommen."
Alex Rühle, Redakteur der Süddeutschen Zeitung und Autor des Buches „Ohne Netz".
Er hat für einen Selbstversuch sechs Monate offline überlebt.

Wie stark belastet uns die tägliche Flut von Informationen? Wie schaffen wir es, Internet, E-Mail und Smartphone effizient einzusetzen? Wie organisieren wir unseren Büroarbeitsplatz optimal, wie gehen wir mit Druck und Belastungen gelassener um? Oder ganz allgemein gefragt: Wie meistern wir die ganz alltäglichen Herausforderungen in unserer schönen neuen Echtzeitwelt?

## 3.1 Produktiver Umgang mit der Informationsflut

Man schätzt, dass sich das Wissen der Menschheit zwischen 1800 und 1900 verdoppelte. Heute vergehen weniger als fünf Jahre für eine Duplizierung des gesamten Wissens. Ab 2050 könnte sich das Wissen sogar täglich verzweifachen. Die Übermittlung einer bestimmten Datenmenge einmal rund um den Globus dauerte im Jahr 1997 noch 30 Tage. Heute wird dieselbe Menge an Daten in einer einzigen Sekunde einmal um den Erdball geschickt [2]. Noch keiner Generation vor uns standen so viele Informationen so unmittelbar zur Verfügung, aktuell und von überall abrufbar. Wir leben in einer Gesellschaft, die von einer ungeheuren Medienvielfalt, von Schnelllebigkeit und einer immer kürzeren Halbwertszeit von Informationen geprägt ist. Wir leben in einer Nonstop-Total-Informiertheit. Andererseits sind immer mehr Menschen durch zu viel Information nicht mehr informiert. Eine wahre Flut an Informationen überschwemmt uns Tag für Tag.

> „Wir ertrinken in Informationen, aber dürsten nach Wissen."
> John Naisbitt, US-amerikanischer Zukunftsforscher

Dabei stehen wir einem großen Dilemma gegenüber: In immer kürzeren Zeitabständen müssen wir mehr Informationen verarbeiten und gleichzeitig benötigen wir immer mehr Zeit und entsprechende Kompetenzen, um die für uns relevanten Informationen zu finden und zu verstehen.

Die BITKOM-Studie stellte fest, dass sich mehr als 60 % der Bevölkerung manchmal bis häufig von den Infos überflutet fühlen und das als belastend empfinden. Eine Ausnahme bildet die Altersgruppe der 14- bis 29-Jährigen. Diese sogenannten *Digital Natives* sind mit den digitalen Medien aufgewachsen und haben offensichtlich viel weniger Mühe, mit der Informationsmenge umzugehen. Dabei werden erstaunlicherweise nicht etwa die modernen Kommunikationsmittel wie Internet oder Smartphones von der Bevölkerung als Hauptquelle der Informationsflut angesehen, sondern der Fernseher. Und damit sind ja schon andere Generationen groß geworden und sollten den Umgang mit der Infomenge, sprich mit dem Ausschaltknopf, im Grunde genommen beherrschen. Internet und Handy werden in viel geringerem Ausmaß für die Flut an Informationen verantwortlich gemacht, da wir bei diesen Medien offenbar viel selektiver bestimmen, welche Daten wir uns holen.

▶ Wer die Zügel in der Hand hat, ist auch der Informationsflut nicht machtlos ausgeliefert.

Genau in diesem Punkt liegt der Schlüssel für einen produktiven Umgang mit Informationen. Solange wir selber aktiv werden und nach dem Gewünschten suchen, haben wir die Zügel selber in der Hand. Wir handeln autonom und aus freien Stücken, was wesentlich weniger Stress auslöst. Wie wir in Abschn. 2.5 gesehen haben, wirken sich Wahlmöglichkeiten positiv auf unser limbisches System aus. Wir können agieren statt nur zu reagieren. Wir lassen uns nicht überfluten, sondern wir finden und wählen aus, was wir benötigen, wir sind unser eigener Dirigent. Und dank der Vergleichsmöglichkeit der gefundenen Informationen steigt die Zuverlässigkeit oder sie kann wenigstens besser überprüft werden.

Wenn Sie von elektronischer Werbung oder von lästigen Anbietern überhäuft werden, so machen Sie auch da ein Holprinzip daraus. Teilen Sie den Absendern höflich aber bestimmt mit, dass Sie selber aktiv werden, wenn Sie etwas brauchen. Denn wenn Sie einem Anbieter lediglich mitteilen, dass Sie in diesem Moment sein Produkt oder seine Dienstleistung nicht benötigen, dann wird er Sie bestimmt in einigen Monaten wieder kontaktieren und das Problem der unerwünschten Störung ist nicht vom Tisch, sondern bloß verschoben.

Letztlich geht es darum, dass wir eine echte Medienkompetenz entwickeln. Wir müssen lernen, mit der Vielfalt und der Flut an Möglichkeiten umzugehen. Genauso wie Kinder lernen müssen, mit einer unüberschaubaren Menge an Versuchungen umzugehen, wenn sie im Supermarkt vor dem riesigen Regal mit Süßigkeiten stehen und überlegen, was sie mit ihrem Taschengeld kaufen wollen. Ihr Budget ist limitiert, genauso wie es unsere Zeit ist. Dennoch können viele Kinder mit dem Taschengeld mehr Süßes kaufen, als für sie gesund ist. Was tun als verantwortungsvolle Eltern? Ein völliger Verzicht auf Schleckereien bringt keine Lösung. Vielversprechender ist es, wenn Kinder lernen, mit der Vielfalt und mit dem Überfluss umzugehen. Sie treffen ihre Entscheidungen altersgerecht und mit jedem getroffenen Entscheid soll sich die Kompetenz Schritt für Schritt weiterentwickeln. Analog dazu können wir Erwachsene unsere Medienkompetenz entwickeln – durch einen bewussten und gezielten Umgang mit den Medien und mit einer regelmäßigen Reflexion über unser Verhalten und darüber, wie zieldienlich es noch ist oder was wir daran optimieren wollen.

Fazit: Treffen Sie willentlich Entscheide über Ihren Medienkonsum und reflektieren Sie Ihr Verhalten von Zeit zu Zeit, damit Sie schrittweise Ihre Medienkompetenz weiterentwickeln und dadurch die Zügel jederzeit fest in der Hand halten, wie mächtig die Informationsflut auch werden mag.

## 3.2 Das Informationsmedium E-Mail effizient und sinnvoll nutzen

### 3.2.1 Machen E-Mails dumm?

Wenn wir der in Wien lebenden Digital-Therapeutin Anitra Eggler glauben, so sind wir alle Sklaven unserer E-Mails, und so mancher von uns ist regelrecht süchtig nach den elektronischen Nachrichten, sozusagen ein hoffnungsloser Informationsjunkie, dessen Produktivität sinkt, dessen Konzentration und Aufmerksamkeit flöten gehen und der jegliches Selbstbewusstsein mit der Zeit verliert, genauso wie seine Gesundheit und seine realen Freundschaften. Eggler folgert daraus, dass uns diese Abhängigkeit dumm, erfolglos und in letzter Konsequenz arbeitslos und die Weltwirtschaft kaputt macht. Die Apokalypse naht in Form von elektronischer Post und der immer höheren Vernetzung über die *Social Media*, jenen Medien, die im Grunde alles andere als sozial sind [3].

Es gibt Mitmenschen, die erhalten über einhundert E-Mails. Pro Tag. Und die meisten sind relevant. Auf einen Arbeitstag von acht Stunden verteilt macht das rund alle vier bis fünf Minuten eine neue Nachricht. Wenn Sie nun pro E-Mail durchschnittlich lediglich zwei bis drei Minuten Bearbeitungszeit einrechnen, bleibt nicht mehr viel Zeit zum Arbeiten. Dabei besteht bei den wenigsten die Hauptaufgabe darin, Mails zu bearbeiten. Und es ist schon gar nicht die wichtigste Tätigkeit.

Andererseits soll es Menschen geben, die morgens gleich nach dem Aufwachen noch im Bett als erstes ihre E-Mails checken und abends, kurz bevor sie ihre Augen schließen, als letzte Aktion dasselbe tun. Der Drang, seine Mailbox auf neue Post zu prüfen, hat durchaus Suchtpotenzial. Und auch, wenn Sie sich diesbezüglich nicht als suchtgefährdet sehen, so hält uns ständiges Mailen dennoch vom produktiven Arbeiten ab und stört ständig unsere Konzentration. Die BITKOM-Studie zeigt, dass 80 % der Berufstätigen permanent oder zumindest mehrmals täglich E-Mails lesen und 55 % können maximal einen Tag lang durchhalten, ohne die beruflichen Mails zu checken. Urlaub und Wochenende ausgenommen. Da scheint doch etwas dran zu sein an den Aussagen von Anitra Eggler.

Das tönt nach Endzeitstimmung und Aussichtslosigkeit. Am besten, wir verzichten ganz auf E-Mails. Und auf das Internet gleich mit dazu. Wir kehren zurück in die guten alten Zeiten, in denen die Korrespondenz mindestens einen Tag brauchte, um beim Adressaten anzukommen. Und die Antwort allerfrühestens am übernächsten Tag in unserem Briefkasten lag. Die geschriebenen Worte wurden mit Bedacht ausgewählt. Und Anliegen, die schneller behandelt werden mussten, besprach man per Telefon oder persönlich. War wirklich alles besser damals? Für die meisten von uns ist es nicht möglich, zur guten alten Zeit zurückzukehren. Außer, wir verbringen den Sommer auf einer abgelegenen Alp.

**Ständig online zu sein, mindert die Leistung bei IQ-Tests und erhöht den Stress**
Dr. Glenn Wilson, ein Psychologieprofessor aus London, untersuchte, welche Auswirkungen ununterbrochen eintreffende E-Mails und SMS auf die Leistungen bei einem IQ-Test haben. Er stellte fest, dass seine Probanden um durchschnittlich zehn Punkte schlechter abschnitten, wenn sie ständig ihren E-Mails und SMS nachgingen, als wenn sie ungestört arbeiteten. Frauen erreichten im Durchschnitt noch 138,5 statt 141,25 Punkte, Männer gar nur noch 127 statt 145,5 Punkte.

Der subjektiv empfundene Stress bei der Arbeit stieg um 50 % bei Männern und um 70 % bei Frauen, wenn ständig E-Mails und SMS eintrafen. Gleichzeitig erhöhte sich die Aktivität der Schweißdrüsen leicht. Herzschlag und Blutdruck veränderten sich hingegen nicht signifikant.

In einigen Medien wurden Wilsons Erkenntnisse mit den Effekten verglichen, die eine schlaflose Nacht oder der Konsum von Cannabis auf Leistungen bei IQ-Tests haben. Auch unter diesen Einflüssen sinken die Ergebnisse markant. Wilson wehrt sich jedoch gegen diesen Vergleich, da seine Studie grundsätzlich nicht mit anderen Untersuchungen verglichen werden kann und insbesondere die Einnahme von Rauschmitteln bleibende Auswirkungen auf den IQ hat. Ganz im Gegensatz zum Online-Verhalten. Der festgestellte Leistungsrückgang durch E-Mails und SMS ist nur vorübergehender Natur [4].

Wenn Sie immer online sind, erhöhen Sie dadurch die Anzahl der erhaltenen E-Mails. Ihre Kontakte stellen fest, wie rasch Sie antworten und reagieren ihrerseits mit neuen E-Mails. Wer möchte sich schon versklaven lassen, indem er oder sie andauernd erreichbar ist?

Die elektronische Post und auch die Möglichkeiten des Internets sind eine wunderbare und hilfreiche Sache, solange der Umgang mit diesen Medien sinnvoll gestaltet wird. Um das zu erreichen, schlage ich Ihnen eine Reihe von Experimenten vor.

### 3.2.2 Experimente für eine optimalere E-Mail-Nutzung

In der Forschung gehören Experimente zum Alltag. Und vor allem misslungene Experimente, die nicht jenes Ergebnis bringen, das sich die Forscher erhofften. Das gehört mit dazu und erlaubt den Wissenschaftlern dennoch neue Erkenntnisse, die sich teilweise sogar anderweitig nutzen lassen. So manches erfolgreiche Produkt entstand aufgrund von missglückten Experimenten. Ein berühmtes Beispiel hierfür ist die Entdeckung von Post-it®. Die Firma 3M wollte 1958 einen Superkleber entwickeln, der stärker als alle bisherigen Klebstoffe haftete. Das Ergebnis der Versuche war ernüchternd: Eine klebrige Masse, die sich zwar auf alle Flächen auftragen, jedoch genauso leicht wieder abnehmen ließ. Daraus entwickelten die Ingenieure eine Art Pinnwand ohne Pins, auf der man Zettel anbringen und wieder ablösen konnte. Doch das Produkt verkaufte sich nicht.

Als sich Jahre später einer der Ingenieure ärgerte, dass seine Lesezeichen immer aus seinen Notenheften des Kirchenchors fielen, erinnerte er sich an die klebrige Masse und trug sie auf kleine Zettel auf. 1980 entstanden so die weltbekannten Haftzettel, die Post-it®, die heute gemäß der US-Wirtschaftszeitung „Fortune" zu den wichtigsten Erfindungen des 20. Jahrhunderts zählen [5].

Wenn es nicht um Forschungsprojekte oder Produktentwicklungen geht, sondern um Verhaltensänderungen, gehen wir ganz anders mit Experimenten um. Sobald etwas nicht ganz so klappt, wie wir es uns wünschen, tun wir es als Misserfolg ab und geben nicht selten gleich auf.

Was bedeutet das für den Umgang mit E-Mails? Ich möchte Sie ermuntern, sich auf das eine oder andere der nachfolgend beschriebenen Experimente einzulassen und mit den Vorschlägen zu experimentieren, um herauszufinden, was sich davon zieldienlich in Ihren Alltag integrieren lässt. Lassen Sie nicht bereits nach ersten erfolglosen Versuchen den Kopf hängen. Oftmals benötigen Sie mehrere Anläufe, um echte und teils nur kleine Fortschritte wahrzunehmen. Das ist ganz normal. Genau das zeigt uns das Beispiel von Post-it®.

**E-Mail-Experiment 1: Ziehen Sie das persönliche Gespräch dem E-Mail vor**
Die Abarbeitung der überquellenden Mailbox ist das eine – die Mail-Flut erst gar nicht so groß werden lassen das andere. Das beginnt damit, das persönliche Gespräch per Telefon oder unter vier Augen der E-Mail vorzuziehen. Teilen Sie das Ihrem Umfeld mit. So manche elektronische Nachricht lässt sich dadurch vermeiden und viele Probleme werden mit weniger Zeitaufwand und mit mehr Zufriedenheit für alle Beteiligten effektiv und effizient gelöst. Insbesondere, wenn Sie eine E-Mail erhalten, bei deren Inhalt Sie Unklarheiten haben oder das auf Sie sonst irgendwie komisch wirkt, investieren Sie keinerlei Zeit in irgendwelche konfusen Interpretationen des Gelesenen. Fragen Sie beim Absender nach – direkt und persönlich und schaffen Sie so die Ungewissheiten aus dem Weg. Die Gefahr von Missverständnissen ist bei der schriftlichen Kommunikation noch größer als sie eh schon ist, wenn sich Menschen zu komplexen oder emotionalen Themen unterhalten.

Entsteht ein mehrmaliges Hin-und-her-Mailen, wird das Hineininterpretieren häufig destruktiv und die Spannungen nehmen zu. Konflikte lassen sich definitiv nicht per E-Mail lösen. Durchbrechen Sie die Negativspirale und suchen Sie das Gespräch. Damit sparen Sie Zeit, Energie und Nerven.

Ein persönliches Gespräch ist nicht immer möglich und macht bei der Weitergabe von schriftlichen Informationen wie beispielsweise eines Protokolls logischerweise keinen Sinn. Entscheiden Sie noch bewusster, wann Sie sinnvollerweise eine E-Mail schreiben – und wann Sie absichtlich darauf verzichten.

**E-Mail-Experiment 2: Führen Sie Postfach-Öffnungszeiten ein**

Wie oft gehen Sie zu Hause zum Briefkasten? Wie häufig wird in Ihrem Unternehmen die physische Post intern verteilt? Und wie oft schauen Sie in Ihren elektronischen Briefkasten?

Ich nehme an, dass Sie selten mehr als einmal pro Tag Ihren Briefkasten zu Hause leeren und die Post in Ihrem Betrieb vielleicht zwei Mal täglich verteilt wird. Beim Mail-Posteingang sieht das bei vielen ganz anders aus. Einige checken ihn mehrmals stündlich. Was ist so anders bei der elektronischen Post? Viele Menschen verfallen der absurden Erwartungshaltung, dass die Geschwindigkeit der Übertragung auch die Antwortzeiten bestimmt. Sprich: Sobald die Nachricht eingetroffen ist, will ich umgehend eine Antwort. Schließlich leben wir in einem digitalen Zeitalter. Seminarteilnehmende haben mir von Vorgesetzten berichtet, die einige Minuten nach dem Absenden einer E-Mail angerufen hatten, um nachzufragen, wo die Antwort bleibe. Oder den Anrufbeantworter mehrmals besprochen hatten, weil noch keine Reaktion eingetroffen war. Dabei waren die Adressaten in der Zwischenzeit in einem Meeting besetzt. Dinge gibt's ...

Daher mein Vorschlag für dieses Experiment: Führen Sie für Ihre elektronische Post Öffnungszeiten ein. Zwei bis maximal drei Mal am Tag starten Sie Ihr Mailprogramm und bearbeiten die Mails. Planen Sie diese Öffnungszeiten in Ihren Tagesablauf ein und zwar zu Zeiten, die für Sie passend sind. Schließen Sie Ihren Posteingang wieder, bevor Sie sich dem nächsten Aufgabenblock widmen.

Neue Reize wecken unsere Aufmerksamkeit intuitiv und lenken uns unweigerlich ab. Deaktivieren Sie daher akustische und optische Mailbenachrichtigungen genauso wie die Push-Funktion auf Ihrem Smartphone. Andernfalls ist der Posteingang wiederum rund um die Uhr geöffnet und die Ablenkungsspirale hat Sie wieder im Griff.

**E-Mail-Experiment 3: Antworten Sie auf E-Mails innerhalb von 24 Stunden**

Auch wenn Ihnen Ihre bisherige Erfahrung oder Ihre Arbeitskollegen oder wer auch immer etwas anderes vorgaukelt: Eine Antwortzeit auf eine E-Mail von 24 h reicht in den meisten Fällen vollkommen aus. Damit sind Sie immer noch mindestens doppelt so schnell wie die Briefpost. Und wenn es ganz dringend und absolut wichtig ist, greift Ihr Gegenüber zum Telefon, um Ihre Antwort früher zu erhalten. E-Mail-Kontakte lassen sich ENT-schleunigen, wenn Sie sie entsprechend erziehen.

Und wem die 24 h Antwortzeit zu krass sind, der versuche es einmal mit sechs, acht oder zwölf Stunden. Wichtig ist, dass Sie ein deutliches Zeichen setzen. Eine längere Antwortzeit erreichen Sie übrigens automatisch, wenn Sie Postfach-Öffnungszeiten einführen, wie im Mail-Experiment 2 beschrieben.

**E-Mail-Experiment 4: Widmen Sie sich nur dann Ihren E-Mails, wenn Sie sie auch bearbeiten können**
Kennen Sie das? Sie öffnen Ihr Mailprogramm, lesen die erste Nachricht, machen sich Ihre Gedanken zum Inhalt, schließen die Mail wieder, öffnen nun die nächste, vertiefen sich in die Zeilen, machen die Nachricht wieder zu und lesen noch die dritte neue E-Mail.

Anschließend machen Sie sich an jene Aufgabe, die Sie momentan bearbeiten. Allerdings geistern die gelesenen E-Mails noch in Ihrem Hinterkopf herum und stören Ihre Konzentration. Sobald Sie die E-Mails erneut öffnen, um sie zu bearbeiten, lesen Sie nochmals alles von vorne durch.

Was geschieht in diesem Beispiel? Sie schwenken Ihren Aufmerksamkeits-scheinwerfer hastig von einem Mail zum nächsten, nehmen mehrere Themen gleichzeitig in Ihren Arbeitsspeicher auf, verzetteln sich und verhindern die Konzentration auf Ihre eigentliche Aufgabe. Sie verpuffen enorm viel mentale Energie und senken Ihre Leistungsfähigkeit und Effektivität – auch, weil Sie dann beim Bearbeiten der Mails nochmals fast von vorne beginnen. In dieser Hinsicht lauert eine große Falle bei unseren Smartphones, mit welchen wir immer und überall auf unsere Mails zugreifen können. Hüten Sie sich davor. Denn wenn die Zeit nur reicht, um den Posteingang rasch vom Smartphone aus zu sichten, fehlen ganz bestimmt die notwendigen Ressourcen für eine direkte Bearbeitung. Und wir drehen uns wiederum im oben beschriebenen Teufelskreis.

Bevor Sie also Ihr Mailprogramm starten, fragen Sie sich zu allererst, ob Sie in diesem einen Moment die Mailbeantwortung wirklich in Angriff nehmen können. Habe ich genügend Zeit und die notwendige Energie? Können Sie sich voll darauf konzentrieren? Sind die Ablenkungen gering genug?

**E-Mail-Experiment 5: Fassen Sie die E-Mails nur einmal an, dafür mit voller Aufmerksamkeit und Konsequenz**
Beim Lesen einer E-Mail entscheiden Sie sogleich,

a. ob es sich um Abfall handelt (sofort löschen) oder Sie die Nachricht rein informativ erhalten haben (Mail lesen, eventuell ablegen oder gleich löschen);
b. ob es sich um eine rasch beantwortbare Nachricht handelt. Handeln Sie, indem Sie die E-Mail beantworten oder delegieren Sie sie mittels Weiterleiten;

c. ob Sie für die Bearbeitung der E-Mail einen längeren Zeitblock einplanen müssen. In diesem Fall verschieben Sie die E-Mail in eine entsprechende Ablage und planen die erforderliche Zeit für die Bearbeitung sogleich ein.

Dann widmen Sie sich der nächsten Nachricht. Fassen Sie also keine Nachricht mehr als einmal an, es sei denn, die Beantwortung erfordert längere Zeit und muss eingeplant werden (Fall c). So verhindern Sie die Leerläufe und die Aufmerksamkeitsstörungen, wie sie beim Experiment 4 beschrieben sind.

Sie erledigen nicht alles sofort, sondern nur das, was in zwei bis drei Minuten vom Tisch ist. Dieses Experiment hilft nicht nur bei der E-Mail-Bearbeitung, sondern lässt sich auch auf andere Tätigkeiten anwenden, am Arbeitsplatz und im Privatleben. Ein positiver Nebeneffekt: Sie werden mit der Zeit die vielen kleinen Entscheidungen schneller treffen und Ihr Gehirn dadurch entlasten, da Sie weniger vor sich herschieben – in Ihrem Posteingang ebenso wenig wie in Ihrem Arbeitsspeicher im Gehirn.

**E-Mail-Experiment 6: Halten Sie Ordnung in Ihrem Posteingang**
Für manche ist der Posteingang zugleich eine Aufgabenliste. Da stapeln sich tonnenweise Mails, auch aus alten Zeiten. Von Übersicht keine Spur. Zugegeben, mit der Suchfunktion lässt sich so einiges wiederfinden. Doch je kleiner der Ballast im Postfach ist, desto weniger mentale Energie müssen Sie darauf verwenden.

Ich persönlich bevorzuge es, wenn ich in meinem Posteingang alle Nachrichten auf einen Blick sehe und nicht nach unten scrollen muss. So habe ich selten mehr als zehn bis fünfzehn Mails über eine längere Zeit in meinem Postfach. Die übrigen lösche ich oder ich lege sie da ab, wo sie hingehören: zu den jeweiligen Projekten oder Kunden. Unerledigte Aufgaben führe ich auf der entsprechenden Liste. Erledigt ist erledigt und somit auch aus den Augen und aus dem Sinn.

**Ein aufgeräumter Posteingang**
Ein Teilnehmer erzählte in einem Seminar, er lagere mehr als 1300 Mail in seinem Posteingang. Und täglich würden es mehr, da er nur alle paar Monate das Postfach bereinige. Auf meine Frage, wie oft er denn nach Nachrichten suche, die älter als ein paar Wochen sind, meinte er, das komme nur ganz selten vor. Ich fragte ihn, was geschehen würde, wenn er alle gelesenen Mails auf einmal löschen würde. Langes Schweigen. Schließlich meinte er, er wolle das versuchen. Am nächsten Tag schrieb er mir eine E-Mail, er habe den Schritt gewagt und alle Mails seien weg und damit sei auch einiges an Ballast von ihm abgefallen. Einige Wochen später rief ich ihn an. Er erklärte freudestrahlend, dass er jeden Morgen an mein Seminar zurückdenke, weil sein Posteingang zwischenzeitlich selten mehr als ein paar Dutzend Nachrichten enthalte, was sich herrlich anfühle.

**E-Mail-Experiment 7: Schreiben Sie den Betreff und den Nachrichtentext empfängerorientiert und aussagekräftig.** Versenden Sie Nachrichten nur an diejenigen Personen, die echte Adressaten dieser Mail sind

Dieses Experiment hört sich selbstverständlich an. Doch wenn Sie in Ihren Posteingang schauen, wie viele Mails sind wirklich adressatengerecht versandt worden? Welcher Empfängerkreis wurde tatsächlich mit Bedacht gewählt, welcher Betreff ist wirklich aussagekräftig und welche Nachricht unmissverständlich formuliert?

Formulieren Sie den Betreff als Ziel, um es den Adressaten einfacher zu machen mit dem Entscheid, wann die Mail gelesen werden soll. Mails lassen sich übrigens auch sehr rasch und einzig mit dem Anpassen der Betreffzeile beantworten.

Ich kenne Firmen, die für den internen Mailversand Abmachungen haben, wie die Betreffzeile beginnt. Steht da *info*, so ist die Nachricht für den Empfängerkreis rein informativ, mit *action* wird eine Aktion erwartet und bei *question* erwartet der Absender eine Antwort auf eine Frage. Dadurch kann jeder Empfänger die Priorität der jeweiligen Nachricht auf den ersten Blick einordnen.

**E-Mail-Experiment 8: Leiten Sie Nachrichten automatisch in einen entsprechenden Ordner um, die Sie nur als CC-Empfänger erhalten**

In den gängigsten E-Mail-Programmen können Sie hierfür eine entsprechende Regel erstellen. Die Idee dahinter: Ihr Posteingang wird nicht mit einer Masse von E-Mails geflutet, die Sie „nur" zur Kopie erhalten und die folglich von niedrigerer Priorität sind. Sollten Sie einmal Zeit finden für diese Nachrichten, können Sie diese in aller Ruhe durchgehen.

Ein ehemaliger Arbeitskollege von mir ging sogar noch einen Schritt weiter. Er erstellte eine Regel, die sämtliche Nachrichten löschte, in denen er als CC-Empfänger aufgeführt war. Diesen zugegebenermaßen radikalen Schritt wählte er, weil die Unsitte herrschte, immer alle möglichen Leute mit hinein zu kopieren in der irrigen Meinung, alle würden diese Nachrichten lesen und falls sie sich nicht umgehend meldeten, seien sie mit den Inhalten einverstanden.

**Sie sind ein wesentlicher Teil Ihrer Firmen- und E-Mail-Kultur**

Die E-Mail-Kultur in einem Unternehmen zu verändern ist kein leichtes Unterfangen. Es gibt Betriebe, in denen bei Unstimmigkeiten oder Streitigkeiten zunehmend ein schriftlicher Beweis verlangt wird, dass beispielsweise der Kollege X über einen gewissen Sachverhalt informiert wurde. Und was tun die Mitarbeitenden? Sie schreiben E-Mails. Selbst über das eben geführte Telefongespräch. Sicher ist sicher. Das kann durchaus zur Vermeidung von Missverständnissen beitragen, ist jedoch auch Ausdruck einer wachsenden Misstrauenskultur.

Wer oder was macht denn eine E-Mail-Kultur in einem Unternehmen? Die Kultur einer Firma ist die Gesamtheit aller Normen, welche die Organisationsmitglieder in der Vergangenheit geschaffen haben. Diese Normen werden von den meisten Mitarbeitenden weitgehend akzeptiert. Die Kultur jedes Unternehmens ist einmalig und spezifisch und unterliegt einem in der Regel langsamen Wandel. Eine wichtige Rolle spielt die soziale Interaktion innerhalb des Betriebes, da sich die Kultur unter anderem in gemeinsamen Sprachregelungen zeigt.

Mit anderen Worten: Wir als Mitglieder einer Organisation schaffen, prägen und leben unsere Unternehmenskultur tagtäglich durch unseren Austausch untereinander, wozu auch der E-Mail-Verkehr gehört. Das bedeutet, dass wir alle ein Teil der Kultur sind und somit auch in der Lage, diese zu verändern. Wir sind ebenso Gestaltende wie wir von der Kultur beeinflusst werden. Dabei spielen die Führungskräfte eine entscheidende Rolle. Sie haben durch ihre Vorbildfunktion bei der Ausgestaltung und Weiterentwicklung der Firmenkultur eine große Hebelwirkung. Je weiter oben sie hierarchisch stehen, umso größer ist diese.

Manche Vorgesetzten sind sich dessen leider zu wenig bewusst. Beispielsweise, wenn sie sonntags E-Mails versenden oder spätabends. Selbst wenn sie gar nicht die Erwartung haben, dass diese Nachrichten umgehend gelesen und bearbeitet werden, so senden sie dennoch entsprechende Signale aus. Mit der Zeit werden die Unterstellten regelmäßig sonntags und abends ihre Mails checken, um nachzusehen, ob der Chef etwas von ihnen wollte. Das muss ganz wichtig sein, wenn sich mein Vorgesetzter noch sonntags die Mühe macht, sich damit zu beschäftigen! Die Folge: Sie arbeiten zunehmend auch abends und an Sonntagen, was schließlich zur Gewohnheit werden kann. Und das bloß, weil der Chef hie und da sonntags E-Mails verschickt hat, weil er sich nie mit so viel Muße und Ruhe um seinen Posteingang kümmern kann wie am Sonntag. Eine mögliche Lösung für diese Vorgesetzten: versenden Sie Ihre Mails zeitversetzt. Stellen Sie Ihr Mailprogramm so ein, dass die Nachrichten beispielsweise erst am Montagmorgen um 07:00 Uhr versendet werden.

## 3.3 Vom individuellen Umgang mit der Zeit

Ich mag den Begriff *Zeitmanagement* nicht, denn wir können die Zeit selber nicht managen, sondern höchstens unseren Umgang damit. Dennoch existieren unzählige Systeme und Publikationen für ein produktiveres und effizienteres Zeitmanagement. Meine Erfahrung zeigt mir, dass nur wenige Menschen erfolgreich sind mit ihren ganz ausgeklügelten und komplexen Zeitmanagementsystemen. Meistens lassen sich die Arbeiten nie so exakt abarbeiten, wie sie verplant wur-

den, und die Realität holt uns viel schneller ein als es uns lieb ist und dann ist
nur noch eines gefragt: Flexibilität. Und die verträgt sich ganz und gar nicht mit
umfangreichen und zeitaufwendigen Zeitmanagementsystemen und Prinzipien.

> Unvorhergesehenes fragt nicht nach unserer Planung. Und unser Alltag wimmelt oft
> nur so davon.

Aus diesem Grund plädiere ich für einen individuellen Umgang mit der Zeit und deren Planung, analog zur Bewegung der *Lifehacker* in den USA. Der Ausdruck *Hack*
stammt aus der IT-Szene und steht für eine einfache, kreative und alltagstaugliche
Lösung eines Problems oder für eine elegante Umgehung von bestehenden Einschränkungen. Dieses Prinzip haben die *Lifehacker* auf die Arbeitswelt übertragen.
Daraus entstanden diese Grundsätze [6]:

1. Finden Sie individuelle Lösungen für Ihr Zeitmanagement und lösen Sie sich
   von allzu starren Systemen und Grundsätzen. Stellen Sie sich Ihr eigenes System
   zusammen, welches in Ihren Alltag passt.
2. Konzentrieren Sie sich stets nur auf eine einzige Sache. In meinen Worten:
   Üben Sie sich so oft wie möglich in Singletasking.
3. Entlasten Sie Ihren Kopf, indem Sie konsequent alles aufschreiben, was Ihnen
   durch den Kopf geht und was es noch zu tun gilt. Dadurch lassen sich die
   inneren Ablenkungen besser managen und Sie kriegen Ihren Kopf frei.
4. Nehmen Sie sich für einen Tag nicht zu viel vor. Wählen Sie die drei wichtigsten
   Aufgaben von Ihrer Liste aus und sehen Sie zu, dass Sie diese erledigen.
5. Planen Sie große Aufgaben wie Projekte nicht bis zum Ende in allen Teil-
   schritten. Definieren Sie das Endziel oder den Zielzustand und die gröbsten
   Meilensteine und planen Sie dann nie weiter als die nächsten drei Schritte. So
   bleiben Sie flexibel genug für alles Unvorhergesehene.
6. Trennen Sie Ihren Kalender von der To-do-Liste. Ein Blick in Ihren Kalender
   wird nicht gleich zur kaum zu bewältigenden Last.
7. Ändern Sie nur eine Gewohnheit nach der anderen. Geben Sie sich genügend
   Zeit, damit eine neue Verhaltensweise zur Routine werden kann, bevor Sie die
   nächste angehen.
8. Bestimmen Sie Ihre Passion. Wer seine Werte und seine Pläne kennt, kann
   besser Prioritäten setzen.
9. Managen Sie Ihre Ablenkungen und Störungen aktiv.
10. Stehen Sie früh auf. Die frühen Morgenstunden sind meistens noch ungestört.

Das frühe Aufstehen liegt mir als Nachteule ganz und gar nicht. Allerdings kenne
ich viele Menschen, die an ihrem Arbeitsplatz einzig in der morgendlichen Frühe
richtig ungestört arbeiten können. Und da stellt sich die Frage, was einem lieber ist:

Sich zum frühen Aufstehen durchringen und dadurch etwas ungestörte Zeit oder mehr Hektik und Druck für die anstehenden Aufgaben.

Was auch immer zu Ihnen, Ihrer Situation und Ihrem Arbeitsstil passt: Fühlen Sie sich frei, welchen der Grundsätze Sie in Ihrem persönlichen Alltag ausprobieren möchten und was für Sie stimmig ist und finden Sie so einen ganz individuellen Umgang mit Ihrer Zeit.

## 3.4  Arbeits- und Arbeitsplatzorganisation

Effektives und effizientes Arbeiten setzt eine kluge Organisation des Arbeitsplatzes und der eigenen Arbeit voraus. Je optimaler Sie eingerichtet sind, desto besser können Sie die Herausforderungen des Alltags bewältigen. Das ist wie in einer Werkstatt. Wenn Sie den Schraubenschlüssel und den Hammer jedes Mal an einen anderen Platz legen, müssen Sie sich nicht wundern, wenn Sie immer wieder danach suchen.

Ich möchte Sie ermutigen, das eine oder andere der nachfolgend aufgeführten Experimente für eine optimalere Arbeitsorganisation auszuprobieren. Vielleicht finden Sie einige der Experimente völlig verrückt und bei Ihnen am Arbeitsplatz nicht umsetzbar. Vielleicht klappt das bei Ihnen nur in abgeänderter Form, vielleicht entwickeln Sie ein oder zwei Experimente weiter. Vielleicht organisieren Sie Ihre Arbeit schon so oder ähnlich und kommen im besten Fall auf neue Versuche, die Sie durchführen möchten. Egal. Hauptsache, Sie kommen der Erreichung Ihrer persönlichen Ziele auf irgendeine Art und Weise näher.

### 3.4.1  Arbeitsplatzorganisation

Wer seine Arbeit optimieren will, schraubt meist an den Arbeitsprozessen. Dagegen ist nichts einzuwenden. Doch die Basis aller Verbesserungen liegt beim Arbeitsplatz selber. Die Umgebung, in der wir arbeiten, übt einen essenziellen Einfluss auf unsere Arbeit aus. Auch da lässt sich Ballast abwerfen und eine Arbeitsumgebung schaffen, die es uns leichter macht, die Übersicht zu behalten sowie effektiv und effizient zu arbeiten.

Unordnung ist ansteckend. Ordnung ebenso. Das wies beispielsweise der niederländische Wissenschaftler Kees de Keizer nach. In einer von ihm durchgeführten Studie führte eine Abkürzung durch einen halb offenen Zaun zu einem öffentlichen Parkplatz. Am Durchgang hing das Schild „Kein Durchgang, Zugang um die Ecke".

Gleich daneben hing am Zaun der Hinweis „Fahrräder abstellen verboten". Sobald trotz des Verbots Fahrräder am Zaun standen, nahmen 82 % der beobachteten Personen die Abkürzung zum Parkplatz. Ohne Fahrräder waren es bloß 27 % [7]. Wir lassen uns vom Verhalten anderer Menschen beeinflussen. Selbst wenn wir nicht mit ihnen zusammen arbeiten und diese nicht einmal kennen. Auf der anderen Seite hat jeder einzelne von uns eine Vorbildfunktion für seine Mitmenschen. Das Verhalten anderer hat Auswirkungen auf mein Verhalten und mein Verhalten beeinflusst jenes von anderen.

**Die 5-S-Methode**
Den Arbeitsplatz zu organisieren, erscheint vielen als selbstverständlich. Vielleicht so selbstverständlich, dass in der Praxis längst nicht überall danach gelebt und dem Arbeitsplatz oftmals zu wenig Aufmerksamkeit geschenkt wird oder dessen Organisation zu wenig systematisch erfolgt.

Eine Methode, um Büroarbeitsplätze ordentlich zu halten, stammt ursprünglich aus der Automobilproduktion. Die sogenannte *5-S-Methode* ist Teil des berühmten Toyota-Produktionssystems und lässt sich gemäß Schaller und Teeuwen auch auf den Bürobereich übertragen [7]. Sie zielt darauf ab, dass ein gut organisierter Arbeitsplatz die Qualität und die Effizienz steigert.

Gleichzeitig will die Methode Verhaltensänderungen bewirken, indem die Umgebung verändert wird und die Mitarbeitenden sich durch die Vorbildfunktion gegenseitig positiv beeinflussen.

▶ Es geht nicht in erster Linie um das Aufräumen, sondern darum, Verluste und Verschwendung zu beseitigen.

Alles, was dem Kunden keinen Mehrwert bringt, gilt als Verschwendung – jedenfalls nach *Kaizen*, der japanischen Lebens- und Arbeitsphilosophie, die nach ständiger Verbesserung strebt. Die Schlussfolgerung: Wenn wir vermeiden, was dem Kunden keinen Mehrwert bringt, setzen wir unseren Fokus dadurch auf die wirklich wertschöpfenden Aufgaben und wir werden effektiver in unserem Arbeitsverhalten. Ein Gewinn für unsere Kunden und für uns selber.

Wie der Name sagt und in Abb. 3.1 ersichtlich wird, besteht die 5-S-Methode aus fünf Phasen, die alle Teil eines kontinuierlichen Verbesserungsprozesses sind. Das Ziel: Organisieren Sie Ihren Arbeitsplatz so, dass Sie alles Wesentliche innerhalb von 30 Sekunden finden und wieder zurücklegen können.

1. **Sortieren**:
   Was ist wirklich notwendig? Was ist überflüssig? Was kann ich entsorgen? Sortieren Sie konsequent aus, was Sie nicht mehr benötigen, auch in Ihren

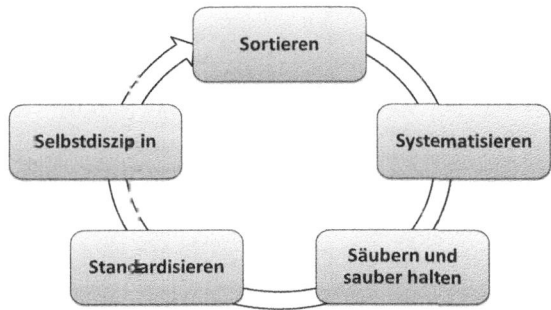

**Abb. 3.1** Die 5-S-Methode in Anlehnung an Schaller und Teeuwen [7]

Ablagesystemen, im Stauraum, in den Schränken, in den Gängen und in der elektronischen Ablage. Lösen Sie sich von allem, was überflüssig ist.

Wer Mühe hat, Dinge wegzuwerfen, kann es mit dem Wegwerfen auf Probe versuchen. Sie entsorgen die Sachen an einen eigens dafür vorgesehenen Ort und nicht direkt in den Abfalleimer. Sobald Sie auch nach einigen Monaten diese Dinge nicht mehr gebraucht haben, können Sie sie getrost ganz entsorgen. Damit vermindern Sie Ihre Befürchtungen, dass Sie das, was Sie wegwerfen, ganz bestimmt in einigen Wochen dringend benötigen.

2. **Systematisieren**:
   Bringen Sie ein System in Ihre Ablage, damit Sie die wesentlichen Unterlagen innerhalb kurzer Zeit finden. Was wird wie regelmäßig gebraucht? Was nur sehr selten? Unterscheiden Sie zwischen *Arbeits-*, *Nachschlage-* und *Archivakten*.
   Auf die Arbeitsakten greifen Sie täglich zu. Platzieren Sie diese in unmittelbarer Reichweite zu Ihrem Arbeitsplatz. Dazu zählen alle laufenden Aufgaben und Projekte. Alles, worauf Sie hie und da zugreifen, gehört zu den Nachschlageakten, die sich in der näheren Umgebung Ihres Arbeitsplatzes befinden. Die Archivakten müssen aus rechtlichen Gründen aufbewahrt werden. Diese benötigen Sie oft über Jahre nicht mehr, daher liegen sie – wie der Name sagt – im Archiv.

3. **Säubern**:
   Ein sauberer Arbeitsplatz sollte eigentlich selbstverständlich sein. Das ist jedoch nicht einzig die Aufgabe der Reinigungskolonne. Jeder ist für seinen Arbeitsplatz selber verantwortlich. Das gilt auch für nur temporär benutzte Schreibtische. Denken Sie daran: Ordnung halten steckt an. Und den meisten Menschen macht es deutlich mehr Spaß, in einer sauberen Umgebung zu arbeiten.

4. **Standardisieren:**
   Machen Sie den neuen Ist-Zustand zum Standard, um die Vorteile der neuen Umgebung langfristig nutzen zu können. Fragen Sie sich regelmäßig, was sich optimieren lässt, damit 5-S zum gelebten kontinuierlichen Verbesserungsprozess wird.

5. **Selbstdisziplin:**
   Der Erfolg steht und fällt mit der Selbstdisziplin. Auch hier. Je ersichtlicher und spürbarer der Nutzen des Ganzen ist, desto leichter fällt es Ihnen, die notwendige Disziplin aufzubringen.

Wichtig: Seien Sie sich Ihrer Vorbildfunktion bewusst. Und wenn Sie als Vorgesetzter Ihre Mitarbeitenden anhalten, ihren Arbeitsplatz zu organisieren – egal ob nach der 5-S-Methode oder sonst irgendwie – müssen Sie ihnen klar machen, welches Ziel Sie dabei verfolgen und welcher Nutzen aus der ganzen Anstrengung resultiert. Andernfalls ist ein solches Vorhaben zum Scheitern verurteilt oder bleibt eine einmalige Aktion. Denn die spontane Reaktion der Mitarbeitenden ist meist: „Wir haben so viel zu tun und nun sollen wir auch noch aufräumen und Ordnung halten. Wofür soll das denn gut sein?"

Wofür das gut sein soll? Zum Beispiel, um produktiver zu werden, weil weniger Zeit für das Suchen verwendet wird, um die Qualität zu verbessern und um Fehlerquellen zu reduzieren. Oder als Grundlage für die Optimierung von Arbeitsprozessen. Und damit sich auch bei Abwesenheiten die anderen Mitarbeitenden in „Ihren" Ablagen und Akten zurechtfinden.

Auch hier geht es um eine Weiterentwicklung der Kultur in Ihrem Unternehmen, das Vorleben und die daraus erfolgende Beeinflussung Ihres Umfeldes spielen eine zentrale Rolle. Sie haben es in der Hand. Genauso wie bei den E-Mails, bei der Informationsflut und beim gehirngerechten Arbeiten an und für sich.

### Wie die 5-S-Methode entstand

Sakichi Toyoda, der Gründer des Toyota-Konzerns, fährt in den 1950er-Jahren in die USA, um sich die damals fortschrittlichen Ford-Fabriken anzusehen. Toyoda ist von den Fabriken nicht besonders angetan. Dafür beeindruckt ihn der Supermarkt. Die Übersichtlichkeit der Produkte und die Organisation der Logistik begeistern und inspirieren den Japaner. Er beginnt, das Produktionssystem seines Unternehmens an die Methodik eines Supermarktes anzugleichen. Als ein Teil des Produktionsprinzips entwickelt Toyota daraufhin die 5-S-Methode. Auch auf Japanisch beginnen die fünf Phasen alle mit S: Seiri (sortieren), Seiton (systematisieren), Seiso (säubern), Seiketsu (systematisieren) und Shitsuke (Selbstdisziplin). Die letzte Phase kam erst im Laufe der Zeit dazu [7].

**Clean Desk**

Eine spezifische Form eines aufgeräumten Arbeitsplatzes stellt das *Clean-Desk-Prinzip* dar. In Branchen mit sensitiven Daten und Akten, wie beispielsweise bei Banken, gehört das seit Jahren zum Standard. Es bedeutet, dass abends jeder Schreibtisch vollständig aufgeräumt ist. Einige Firmen dulden gar nur den Bildschirm, Maus und Tastatur auf dem Pult, sonst nichts. Aus Gründen des Datenschutzes und der Datensicherheit macht das Sinn. Doch auch aus der Perspektive der Gehirnressourcen hat diese Methode Vorteile.

Wer morgens einen aufgeräumten Schreibtisch antrifft, findet dadurch viel Raum für Neues, viel Freiraum und somit ein gutes Gefühl, um in einen erfolgreichen Tag zu starten. Stapelweise Unerledigtes auf dem Pult schreckt hingegen ab und einige möchten bei diesem Anblick wohl am liebsten wieder umkehren. Andererseits gibt es Menschen, denen ein leerer Schreibtisch das Gefühl gibt, sie würden nicht gebraucht und sie könnten genauso gut wieder nach Hause gehen. Für diese Menschen empfiehlt es sich, wenigstens ein Ablagefach auf dem Schreibtisch zu haben mit den laufenden Arbeitsakten. Doch auch in diesem Fall darf der restliche Arbeitsplatz gerne aufgeräumt sein.

## 3.4.2  Der Büroarbeitsplatz der Zukunft

Wenn wir uns die Bürolandschaften betrachten, fällt auf, dass die Zeit der unzähligen Einzelbüros an langen Gängen langsam aber sicher vorbei zu sein scheint. Mehrplatz- und Großraumbüros treten an ihre Stelle. Auch die Arbeitsinhalte verändern sich. Die Teamarbeit nimmt zu und viele Büromitarbeitenden verbringen einen immer kleineren Anteil der Arbeitszeit mit rein verwaltenden Tätigkeiten und sind zunehmend gestaltend tätig. Immer öfter haben sie keinen fixen eigenen Arbeitsplatz mehr, ihre persönlichen Utensilien verstauen sie in einem Rollwagen, den sie morgens an einen freien Arbeitstisch schieben und abends wieder verwahren. Sie sind nicht an einen festen Ort gebunden und haben die Freiheit, überall und immer arbeiten zu können. An einem beliebigen Arbeitsplatz der Firma genauso wie im Restaurant um die Ecke, zu Hause oder beim Kunden. Arbeit und Privatheit verschmelzen. Flexible Arbeitsgestaltung nennt sich das und non-territorialer Arbeitsplatz. Die Arbeitsplätze werden wechselnd von mehreren Mitarbeitern genutzt, die Firma spart Fixkosten durch die Reduktion der Arbeitsplätze. Gleichzeitig gibt es einzelne Rückzugsmöglichkeiten und Team-Inseln, „Think Tank-Räume" regen zum Nachdenken an.

Offenheit, Transparenz und Licht prägen die modernen Arbeitsstätten. In einem großen, offenen Raum sind die Wege der Zusammenarbeit kurz. Das Türschild mit dem Namen und der Funktionsbezeichnung entfällt. Lärmschluckende Möbel ersetzen die Wände, der individuell gestaltete Arbeitsraum findet höchstens noch auf dem Hintergrundbild des eigenen Rechners statt, die Privatsphäre wird auf ein Minimum beschränkt. Das eigene Büro als Statussymbol bleibt einigen wenigen vorbehalten.

Das ist alles schön und gut. Doch wie wirken sich derart gestaltete Büroarbeitsplätze auf unsere Effektivität und Effizienz aus? Inwiefern lassen sie gehirngerechtes Arbeiten zu oder erschweren es?

**Erfolgreiche Arbeit und die Arbeit an den Vertrauensbeziehungen**
Klare Verantwortlichkeiten und Zuständigkeiten, eingespielte Abläufe, geregelte Strukturen und vertrauensvolle Beziehungen sowie eine positive Einstellung zur Arbeit und zum Unternehmen sind grundlegende Voraussetzungen für erfolgreiche Arbeit.

Verantwortlichkeiten, Strukturen, Prozesse und Vertrauensbeziehungen geben den Menschen Sicherheit und Halt und schaffen das notwendige Klima für ein gedeihendes Miteinander. Bei den modernen Arbeitsplatzkonzepten entfällt ein Teil der nach außen sichtbaren Verantwortlichkeiten durch die mobile Gestaltung der Arbeitsplätze. Umso wichtiger ist es, die Verantwortlichkeiten zu dokumentieren. Jede Rolle im Unternehmen muss klar definiert, aktiv gestaltet und gegen Widerstände durchgesetzt werden. Dieses Rollenmanagement ist ein fortlaufender Prozess, der nie endgültig abgeschlossen und immer wieder neu gestaltet und ausgehandelt werden muss.

Parallel dazu ist die Arbeit an den Vertrauensbeziehungen matchentscheidend. Das gelingt nicht mit dem rein virtuellen Austausch über elektronische Medien, dafür braucht es persönliche Begegnungen, die mehr als nur flüchtig sind. Menschen müssen sich immer wieder treffen, sei es, um gemeinsam Ideen auszutauschen und zu entwickeln oder sei es nur, um gemeinsam einen Kaffee zu trinken. So können die für das Gehirn wertvollen Pausen in sozialer Hinsicht optimal genutzt werden.

Apropos Ideen entwickeln: Menschen brauchen Raum und Platz, um sich wohlzufühlen und insbesondere auch, um das Denken anzuregen. Weite Räume erlauben weites Denken. Enge Räume hingegen verleiten zu engem Denken.

Moderne Großraumbüros verstärken bei vielen Menschen den Wunsch nach Rückzug. Wir sollten die Wahl haben, wie und wo wir welche Arbeiten ausführen. Wahlmöglichkeiten befeuern unser Belohnungszentrum im Gehirn, beeinflussen unsere Einstellung zur Arbeit und wirken sich somit vorteilhaft auf unsere Effektivität und auf unsere Effizienz aus.

Dem Trend der Verschmelzung von Arbeit und Privatheit können wir uns über kurz oder lang ebenso wenig entziehen wie der steigenden Mobilität und einer gewissen Abhängigkeit von den elektronischen Medien. Wir können jedoch die sich bietenden Vorteile für die Weiterentwicklung und Gestaltung unserer Lebensbalance als Chance ansehen, uns bewusst abgrenzen, wo es notwendig ist und dadurch neue Freiheiten gewinnen, die wir schon in kurzer Zeit nicht mehr missen möchten.

**Ein Praxisbeispiel**

Das Wochenende soll Ihnen heilig sein und von der Arbeit verschont werden. Das gehört Ihnen, Ihrer Familie, Ihren Freunden, Ihren Hobbys. Ausnahmen bestätigen die Regel. Gleichzeitig können die mobilen Arbeitsformen Ihnen erlauben, dass Sie gelegentlich einen privaten Termin an einem Vormittag wahrnehmen können wie beispielsweise den Besuch in der Schule Ihrer Kinder. Dafür kann es sein, dass Sie abends mal eine Stunde oder zwei arbeiten, wenn die Kinder längst im Bett sind. So oder ähnlich kann es aussehen, wenn Sie fortschrittliche Arbeitsformen zum Vorteil von Ihnen, Ihrer Familie, aber auch zum Vorteil Ihres Arbeitgebers nutzen. Es ist ein Geben und ein Nehmen, ein wohlwollendes und vertrauensvolles Miteinander. Das Resultat: eine Win-win-Situation für alle. Vertrauen bildet die Basis dazu. Ein einfühlsamer Perspektivenwechsel hilft den Beteiligten, sich in die Lage des anderen zu versetzen und fördert das gegenseitige Verständnis. Eine offene Kommunikation vermindert die Missverständnisse. Auch hier gilt: „It's simple, but not easy."

### 3.4.3  Experimente für die Organisation der eigenen Arbeit

Davon, sich seine Arbeit schlank, flexibel und gehirngerecht zu organisieren, hatten wir es schon im Abschn. 3.4.1. Sie finden hier drei weitere Techniken für Ihre „Experimenten-Sammlung", die sich auf die Organisation Ihrer Arbeit beziehen.

**Die Terminablage**

Richten Sie sich eine Terminablage ein. Die wird auch Wiedervorlagemappe genannt. Sie enthält alles, was Sie nicht sofort erledigen, sondern für später planen und kann physisch oder elektronisch verwaltet werden. In der ursprünglichen Version besteht diese Mappe aus zwei Teilen. Der erste umfasst zwölf Register, für jeden Monat eines. Der zweite hat 31 Fächer für die Tage des laufenden Monats. Bei der Planung legen Sie die Aufträge im entsprechenden Monat oder im Tagesregister ab und gewöhnen sich an, jeden Morgen die Unterlagen für den aktuellen Tag hervorzuholen.

Für mich persönlich ist diese Art der Wiedervorlagemappe zu aufwendig in der Handhabung. Ich bevorzuge eine einfachere Terminablage, die nicht nach Monat und Tag unterscheidet, sondern höchstens nach kurzfristigen und mittelfristigen Aufgaben. Die langfristigen plane ich gar nicht erst, zu vieles kann sich da noch verändern. Sie stehen höchstens auf meiner Ideenliste.

**Das Aktivitäten-Buch**
Vergessen Sie, sich erinnern zu müssen. Schreiben Sie alles auf, was Ihnen an Ideen durch den Kopf geht. Oder was Sie für Aufgaben noch zu erledigen haben. Je mehr und je konsequenter Sie alles niederschreiben, desto besser entlasten Sie Ihr Gehirn und Ihren Arbeitsspeicher. Führen Sie entweder ein Aktivitäten-Buch oder füllen Sie einen elektronischen Begleiter (sprich: Notebook, Tablet oder Smartphone) mit Ihren Aufgaben, Gedanken und Einfällen. Sie brauchen sich dann nicht mehr zu erinnern, was Sie noch alles tun müssen oder was für tolle Geistesblitze Sie hatten. Es steht alles da, wo Sie es niedergeschrieben haben.

Ich habe ein Aktivitäten-Buch, dessen Seiten sich herausreißen lassen. Darin führe ich auch meine Liste mit den unerledigten Aufgaben. Sobald eine Seite voll ist, übertrage ich die noch nicht durchgestrichenen Verrichtungen auf eine neue Seite. Spätestens beim nächsten Übertrag muss ich mir ernsthaft Gedanken machen, wie wichtig und dringend diese Aufgabe wirklich ist. Elektronische Helfer sind da viel geduldiger und ertragen auch ganz alte Aufträge stillschweigend und mühelos. Dafür wird die Liste länger und länger und der Druck, sie zu bereinigen, ist wesentlich kleiner als bei der Papierversion. Wer schreibt schon gerne ein und dieselbe Aufgabe x-mal auf eine neue Seite?

**Verhindern Sie Schattenablagen**
Es gibt Betriebe, in denen die Mitarbeitenden der einzelnen Abteilungen alles und jedes kopieren und separat ablegen. Man weiß ja nie, wann die nächste Revision kommt und von uns Rechenschaft erfordert über dieses und jenes. Ich nenne dies Schattenablagen. Wenn zum Beispiel die Buchhaltung in Ihrem Unternehmen sämtliche Kreditorenrechnungen aufbewahrt oder gar einscannt und elektronisch im ERP-System zur Verfügung stellt, brauchen Sie für sich keine Kopien mehr zu machen von den von Ihnen visierten Rechnungen.

Halten Sie es wie Albert Einstein. Ihm wird nachgesagt, dass er seine eigene Telefonnummer nicht auswendig wusste. Darauf angesprochen meinte er: „Warum sollte ich die wissen? Ich finde sie jederzeit im Telefonbuch."

## 3.5  Umgang mit Druck und Belastungen

Burn-out ist seit Längerem in aller Munde und geistert als Schreckgespenst durch die Unternehmen. Fast in jedem Betrieb gibt es mittlerweile jemanden, der aufgrund einer Erschöpfungsdepression ausfällt – oder zumindest kennt fast jeder jemanden, der davon betroffen ist oder war. Das ist nicht verwunderlich, wenn wir die Anforderungen der heutigen Arbeitswelt näher betrachten. Da ist die Menge an Arbeit, die es zu erledigen gilt, die knapp gesetzten Termine, der steigende Druck, die hohe Qualität, die erwartet wird. Zudem verwischen die Grenzen zwischen Arbeits- und Freizeit, ständige Erreichbarkeit gehört heute für viele dazu. Die BITKOM-Studie bringt es an den Tag: 58 % der Berufstätigen können maximal einige Stunden pro Tag auf ihr berufliches Handy verzichten. Fast die Hälfte schaltet ihr Mobiltelefon auch nachts nicht aus, 19 % sind rund um die Uhr auf Empfang. Jeder Dritte ist an Werktagen abends für den Chef verfügbar.

Maja Storch, promovierte Psychologin und Psychoanalytikerin, und Gunter Frank, ärztlicher Leiter des Heidelberger Präventions- und Gesundheitsnetzes, beraten seit Jahren Menschen, denen Druck und Belastung im heutigen Berufsalltag zu viel geworden sind. Viele wollen immer effektiver werden, schneller arbeiten, mehr leisten. Sie quetschen als Ausgleich der Work-Life-Balance in ihren Wochenplan auch gleich die privaten Termine mit Hochdruck hinein: montags und mittwochs Sport, freitags Sex. Alles ist durchorganisiert und perfekt geplant. Dennoch geraten sie an ihre Grenzen oder überschreiten sie. Was machen diese Menschen falsch? Mit den Worten von Storch und Frank gesprochen: Sie forcieren unaufhörlich ihren Sympathikus und vernachlässigen den Parasympathikus [8].

**Sympathikus und Parasympathikus**
Unser vegetatives Nervensystem steuert die meisten unserer Organe und besteht aus drei Teilen: dem *enterischen System* (auch *Darmnervensystem* genannt), dem *Sympathikus* und dem *Parasympathikus*. Unserem Sympathikus verdanken wir es, dass wir uns blitzschnell in Alarmbereitschaft versetzen können. Dank ihm hat die Menschheit überhaupt überlebt. Er setzt die Hormone *Adrenalin* und *Dopamin* frei, wir werden dadurch extrem wachsam. Ist er aktiv, wird alles, was nicht unbedingt zum Überleben notwendig ist, heruntergefahren.

Der Parasympathikus hingegen sorgt für Ruhe, Entspannung und Erholung und dient zum Aufbau der körpereigenen Reserven. Er setzt das Zufriedenheitshormon *Serotonin* frei, wir erleben ein wohliges Gefühl der Muße und tanken auf. Dank dem Parasympathikus wird unsere Immunabwehr gestärkt und der Zugang zu uns selbst.

Sympathikus und Parasympathikus wirken als *Antagonisten*, sie sind also Gegenspieler. Dadurch kann unser vegetatives Nervensystem unsere Organe sehr fein regulieren. Sie sind jedoch keine Feinde, wir brauchen beide Systeme für ein erfülltes und gesundes Leben. Wir brauchen den Antrieb, die Aufmerksamkeit, das Wachsein, damit wir uns vorwärtsbewegen, damit wir sorgfältig arbeiten und das Belohnungssystem aktiviert wird. Und wir brauchen Phasen zum Herunterfahren, zum Abschalten, zum Auftanken und zur Regeneration. Wie jeder Akku müssen auch unsere mentalen Batterien regelmäßig aufgeladen werden.

Mit voller Aufmerksamkeit und hoch konzentriert acht, neun Stunden arbeiten, dann den Feierabend, die Ruhe und Entspannung genießen, um am nächsten Tag mit frischen Kräften wieder aktiv zu werden, entspricht leider längst nicht mehr der Realität von vielen Menschen. Sie steigern sich in einen wahren Rausch von andauernder Aufgeregtheit, sind ständig unter Strom, drehen sich immer schneller wie ein Hamster im Rad, ohne vorwärtszukommen. Dabei wollen sie um jeden Preis tüchtig und fleißig sein, stecken sich die Ziele möglichst hoch und pressen die eigenen Ressourcen aus wie eine Zitrone. Sie bezahlen einen hohen Preis dafür: Ihr Immunsystem ist dauerhaft geschwächt, sie werden in jedem Urlaub krank. Sie plagen sich mit Verdauungsschwierigkeiten herum, weil auch das Darmnervensystem den Parasympathikus braucht. Oftmals folgen Gewichtsprobleme. Da der Sympathikus die Reserven zu sehr ausreizt, erleiden sie Erschöpfungszustände. Das Serotonin ist verbraucht, Depressionen sind die Folge. Das Sexualleben bleibt vollends auf der Strecke. Und spätestens da wird laut Frank und Storch auch den Männern bewusst, dass etwas nicht stimmt. Schließlich enden sie im Burn-out und leiden unter chronischen Erkrankungen. Sind das nicht ausreichend viele Gründe, um etwas zu ändern? Frank und Storch empfehlen, dass wir unsere Mañana-Kompetenz entwickeln. Frei nach dem Motto: „Was du morgen kannst besorgen, das verschiebe ohne Sorgen."

**Meine Mañana-Zone**
Zunächst geht es darum, dass Sie herausfinden, wo sich Ihre Mañana-Zone befindet. Die ist nicht bei jedem Menschen genau die gleiche. Wenn Sie einen Bewegungsmenschen für eine Woche in ein Kloster schicken, damit er dort mal in Ruhe abschalten, herunterfahren und zu sich selbst finden kann, wird er gestresster zurückkehren als er hingegangen ist. Vom Aktivieren des Parasympathikus keine Spur.

Unter http://www.manana-kompetenz.de finden Sie einen Test zum Herunterladen, mit welchem Sie feststellen können, wo sich Ihre persönliche Mañana-Zone befindet. Diese Zone ist in drei Ebenen aufgeteilt, in die Konstitutionsebene, die Temperamentsebene und die Bedürfnisebene.

Die Konstitutionsebene bildet die körperliche Basisvoraussetzung für Ihr Wohlbefinden. Einerseits geht es um die Wärmeneigung: Wie gut vertragen Sie Hitze und Kälte? Andererseits um die Sportneigung: Wie viel aktive Bewegung brauchen Sie?

Bei der Temperamentsebene geht es um die biologische Grundlage Ihrer Persönlichkeit. Neigen Sie zu einer hohen Erregbarkeit, das heißt, reagieren Sie empfindlich auf Lärm oder optische Reize, meiden Sie Menschenansammlungen und bevorzugen Sie die Ruhe und sanfte Klänge? Oder fühlen Sie sich am wohlsten, wenn die Party so richtig steigt? Kann die Musik nie laut genug sein? Sind Sie eher der zappelige Typ, der nie stillsitzen kann und lieben den Aktionismus? Oder doch eher das Faulenzen?

Auf der Bedürfnisebene schließlich geht es um unser Verhalten in spezifischen Situationen, um das Bedürfnis nach sozialem Rückhalt und nach intellektuell-musischer Betätigung.

Anhand Ihrer Mañana-Zone erkennen Sie, wann und wie Sie am besten abschalten und Ihrem Parasympathikus die Chance geben, seine wohltuende Wirkung zu entfalten. Gut möglich, dass Sie mehrere Zonen gleich stark ausgeprägt haben. In diesem Fall geht es darum, dass Sie für sich entscheiden, was Ihnen in welcher Situation die notwendige kurze Auszeit verschafft.

Wir haben in Kap. 2 gesehen, dass unser Gehirn Kurzpausen unbedingt nötig hat, um über einen längeren Zeitraum voll leistungsfähig zu sein. Ein paar Minuten an die frische Luft, den Fokus bewusst wechseln, am besten auch gleich den physischen Standort für einen Moment verlassen, Arbeitsblöcke bilden, die unserem Gehirn helfen, sich zu erholen, wenn wir von einem Block zum anderen wechseln. Die Mañana-Kompetenz geht noch einen Schritt weiter, indem Sie für sich selber herausfinden und erarbeiten, welches die erholsamsten Pausen sind, wie und wo Sie auftanken können. In Kurzpausen oder auch in längeren Phasen, nach getaner Arbeit, abends, am Wochenende oder im Urlaub.

---

**Wie erhöhen Sie Ihre persönliche Mañana-Kompetenz?**

- Welches ist Ihre persönliche Mañana-Zone laut dem Test auf http://www.manana-kompetenz.de?
- Auf welche Art von Freizeitaktivitäten freuen Sie sich ganz besonders? Wie oft frönen Sie diesen Aktivitäten?
- Wenn Sie an Momente denken in Ihrem Leben, in welchen Sie voll und ganz vom beruflichen Alltag abschalten konnten und nach denen Sie sich wie neugeboren fühlten, was genau hat diese Augenblicke gekennzeichnet?
- Was können Sie vermehrt in Ihren Alltag integrieren, das Ihnen hilft, diese Abschaltmomente zu erleben?

---

Ich kann wunderbar abschalten und auftanken, wenn ich mit dem Rennrad durch die Gegend fahre oder mit Freunden in den Bergen wandern gehe oder bei einem gemütlichen Filmabend. Sogar eine Tätigkeit wie das Bügeln von Hemden lässt mich für kurze und wohltuende Momente abschalten. Bei all dem bekomme ich meinen Kopf frei und spüre richtiggehend, wie wohlig erquickend das für meinen gesamten Organismus ist.

Je mehr Sie darauf achten, wie und wann Sie abschalten können und sich dabei bildlich vorstellen, wie Ihr Parasympathikus dabei aktiviert wird, desto leichter gelingt es Ihnen, diese wohltuenden und für Ihre geistige und körperliche Gesundheit absolut notwendigen Momente bewusst in Ihren Alltag einzubauen. Auch hier gilt: Sie sind Ihr eigener Dirigent. Und die Netzwerke in Ihrem Gehirn merken sich sehr genau, wie oft Sie Ihren Dirigenten einschalten.

## Das Wichtigste in Kürze

- Gehen Sie produktiv mit der Informationsflut um, indem Sie selektiv bestimmen, welche Informationen Sie erreichen, und suchen Sie aktiv nach Informationen, die Sie benötigen.
- Experimente für eine optimale E-Mail-Nutzung:
  - Ziehen Sie das persönliche Gespräch wann immer möglich vor.
  - Führen Sie E-Mail-Postfach-Öffnungszeiten ein.
  - Antworten Sie auf E-Mails in der Regel innerhalb von 24 h.
  - Widmen Sie sich nur dann Ihren E-Mails, wenn Sie sie bearbeiten können.
  - Fassen Sie die E-Mails nur einmal an, dafür mit voller Aufmerksamkeit und Konsequenz.
  - Halten Sie Ordnung in Ihrem Posteingang.
  - Schreiben Sie Betreff und Nachrichtentext empfängerorientiert und aussagekräftig. Versenden Sie E-Mails nur an wirkliche Adressaten.
  - Leiten Sie Nachrichten automatisch um, bei denen Sie nur CC-Empfänger sind.
- Finden Sie den ganz individuellen Umgang mit Ihrer Zeit, beispielsweise mit dem einen oder anderen Grundsatz der Lifehacker.
- Organisieren Sie Ihren Arbeitsplatz so, dass Sie alles Wesentliche innerhalb von 30 Sekunden finden und wieder zurücklegen können. Die 5-S-Methode kann Ihnen dabei behilflich sein: Sortieren, systematisieren, säubern, standardisieren, Selbstdisziplin.
- Moderne Arbeitsplätze wirken sich dann positiv auf unsere Effektivität und Effizienz aus, wenn sie Wahlmöglichkeiten bieten, wo und wie wir unsere Arbeit erledigen, wenn die Rollen explizit und klar geregelt sind und Raum besteht für die Gestaltung und Pflege der Vertrauensbeziehungen.
- Experimente für die Organisation der Arbeit:
  - eine Terminablage einrichten,
  - ein Aktivitäten-Buch führen,
  - Schattenablagen verhindern.

- Umgang mit Druck und Belastungen: Finden Sie Ihre persönliche Mañana-Zone und pflegen Sie regelmäßig jene Freizeitaktivitäten, bei denen Sie am besten abschalten und damit Ihren Parasympathikus aktivieren können. Integrieren Sie Abschaltmomente in Ihren Alltag und unterstützen Sie so den Dirigenten in Ihnen.

## Literatur

1. http://www.bitkom.org. Stand: Januar 2014.
2. http://www.ciwm-wissenstransform.de. Stand: Januar 2014.
3. Eggler, A. (2012). *E-Mail macht dumm, krank und arm. Digital-Therapie für mehr Lebenszeit.* Zürich: Orell Füssli.
4. Wilson, G. (2005). Infomania experiment for HP. http://www.drglennwilson.com/Infomania_experiment_for_HP.doc. Stand: Januar 2014.
5. Aus der Medienmitteilung von 3M zum 30-jährigen Jubiläum von Post-it®.
6. Bittelmeyer, A. (2013). Die Kunst der kleinen Kniffe. Zeitmanagementansatz Lifehacking. *Manager Seminare, 184,* 52–57.
7. Schaller, C., & Teeuwen, B. (2013). *5S – Die Erfolgsmethode zur Arbeitsplatzorganisation.* Ansbach: CETPM Publishing.
8. Frank, G., & Storch, M. (2010). *Die Mañana-Kompetenz. Auch Powermenschen brauchen Pause.* München: Piper.

# Transfer in den Arbeitsalltag

4

> *Wenn der Lauf der Dinge sich nicht verändert, dann*
> *müssen wir halt die Dinge zum Laufen bringen.*
> Alte Weisheit aus Namibia

Sie kennen das wahrscheinlich: Zum Jahresbeginn oder nach dem Besuch eines lehrreichen Seminars nehmen wir uns vor, das eine oder andere in unserem Alltag zu verbessern, unsere Gewohnheiten zu verändern, ein für alle Mal. Wir fühlen uns so richtig genährt mit vielen wertvollen Tipps und Vorsätzen und sind zuversichtlich, dass die Welt ab morgen für uns eine andere wird.

Doch was bleibt, wenn wir nach einer gewissen Zeit auf unsere gutgemeinten Vorsätze zurückblicken? In der Regel wenig bis gar nichts. Der Alltag überrollt uns viel schneller wieder, als uns lieb ist, wir müssen einwandfrei funktionieren und greifen auf unsere altbewährten Verhaltensweisen zurück oder schaffen es nicht, aus dem Trott auszubrechen. Alles verharrt beim Alten, zurück bleibt die lähmende Ernüchterung, einmal mehr gescheitert zu sein.

Was hält uns davon ab, unser Verhalten nachhaltig zu optimieren? Wer oder was stellt sich uns da in den Weg? Was können wir dagegen tun? Wie schaffen wir es, die Erkenntnisse aus diesem Buch in unseren Arbeitsalltag zu integrieren? Und zwar nicht bloß für ein paar Tage oder für ein, zwei Wochen?

## 4.1 Umsetzungskiller oder weshalb viele gute Vorsätze rasch versanden

### 4.1.1 Die Macht der Gewohnheit

Gewohnheiten bestimmen unser Leben. Unsere Gewohnheiten haben sich jahrelang bei uns eingeschliffen wie die Räder eines Fuhrwerks in einen Naturweg.

J. Dietrich, *Gehirngerechtes Arbeiten und beruflicher Erfolg*,
DOI 10.1007/978-3-658-04862-4_4, © Springer Fachmedien Wiesbaden 2014

Das bringt uns viele Vorteile – selbst bei Gewohnheiten, die uns nicht so lieb sind. Aus Sicht der Gehirnressourcen betrachtet, helfen uns die Angewohnheiten beim Sparen von Ressourcen, da sie von den Basalganglien gesteuert werden und dadurch der präfrontale Cortex nur marginal oder gar nicht beansprucht wird. Sie laufen automatisiert ab, wir funktionieren wie per Autopilot gesteuert. Einfach in der Handhabung, tausendfach erprobt und überaus bequem. Ohne unsere Gewohnheiten wäre unser Gehirn permanent überfordert.

Unsere Intuition, die uns in vielen Lebenssituationen leitet, besteht aus unserer persönlichen Lebenserfahrung und aus Handlungsimpulsen, die sich in früheren Situationen als hilfreich erwiesen haben. Was wir uns über die Jahre zur Gewohnheit gemacht haben, ist demnach tief in uns verankert und steuert unser Verhalten schier unwillkürlich. Es braucht sehr viel Anstrengung, um ein Fuhrwerk aus der Spur zu bringen und es birgt die Gefahr, dass es dabei umkippt. Genauso verhält es sich mit unseren Gewohnheiten. Nur mit viel Willenskraft lassen sie sich verändern und wir laufen Gefahr, die sichere Spur gegen eine neue, viel unsicherere Bahn zu verlassen.

Aus der Sicht der Evolution macht das Festhalten an Gewohnheiten Sinn, da es das Überleben sichert und die Routine unsere knappen Gehirnressourcen schont. Im Vertrauten finden wir Menschen Halt, Sicherheit und Geborgenheit, was unsere ureigenen Bedürfnisse bedient. Jede Verhaltensweise macht für uns in irgendeiner Art und Weise Sinn, sonst würden wir uns wohl kaum so verhalten. Weshalb uns also verändern, unsere Komfortzone verlassen, um uns auf unsicheres Glatteis zu begeben? Wir automatisieren Gelerntes sehr rasch. Beim Verlernen muss unser Gehirn komplexe biochemische Vorgänge vornehmen, was die Veränderung von Gewohnheiten sehr schwierig macht.

### 4.1.2  Zu wenig Druck, zu hohe Ziele, eigene Ansprüche

Oftmals ist schlicht und einfach der Druck zu wenig hoch, um unsere Komfortzone zu verlassen. Wenn wir durch äußere Umstände, wie beispielsweise einen Stellenwechsel, gezwungen werden, uns zu verändern, gelingt uns das viel besser als wenn wir dieselbe Veränderung einfach so von innen heraus bewerkstelligen wollen. Fehlt der Druck von innen oder außen, versanden die Veränderungsvorhaben häufig. Allzu hoher Druck hingegen lässt so manchen von uns ob der unerträglichen Last passiv werden, resignieren oder gar zusammenbrechen. Es braucht also das richtige Maß an Handlungsdruck, nicht zu viel und nicht zu wenig.

Wir können auch dann scheitern, wenn wir uns selber zu hohe Ziele setzen und zu viel auf einmal wollen. Damit setzen wir uns die Messlatte unerreichbar hoch und nach den ersten Anzeichen des Scheiterns ist die Verlockung groß, dass wir das Vorhaben aufgeben. Häufig sind wir selber unser ärgster Kritiker und die Ansprüche, die wir an uns selber stellen, würden wir an keinen anderen Menschen sonst richten. Dadurch entstehen hochgesteckte Zielvorstellungen, die realistisch betrachtet nicht realisierbar sind. Zumindest nicht in jenem knappen Zeitrahmen, den wir uns selber dafür einräumen.

### 4.1.3 Keine Zuversicht

Viele Menschen verzichten gänzlich auf Neujahrsvorsätze, weil sie den Glauben an deren Veränderungskraft verloren haben. Ihre Erfahrung gibt ihnen leider Recht. Zu oft sind wir schon gescheitert mit den Versuchen, unsere Gewohnheiten zu verändern.

Sind denn tiefgreifende Verhaltensmöglichkeiten überhaupt möglich? Mit Blick auf die Verhaltensveränderungen, welche die digitalen Medien bewirkten, ist diese Frage klar zu bejahen. Wer noch vor zwanzig Jahren prophezeit hätte, dass sich fast zwei Drittel der Deutschen ein Leben ohne Handy und gar drei Viertel ein Leben ohne Internet nicht mehr vorstellen können, wäre damals wohl nicht allzu ernst genommen worden. Heute ist gemäß der mehrfach zitierten BITKOM-Studie genau das Tatsache [1]. Die digitalen Medien bestimmen unser Verhalten und unseren Alltag in unheimlich hohem Maß. Mobile Kommunikation ist für viele unentbehrlich und es ist aus heutiger Sicht nur noch schwer vorstellbar, wie sich die früheren Generationen ausreichend austauschen konnten ohne die technischen Möglichkeiten der heutigen Zeit. Wie wurde das möglich? Die neuen Medien sind ein Massenphänomen, wir Menschen lassen uns davon anstecken. Die technischen Helfer bieten zudem echte Lösungen für unsere Bedürfnisse nach Informationen, nach Austausch und Erreichbarkeit. Dadurch konnten sie in verhältnismäßig kurzer Zeit ein wichtiger Bestandteil unseres Alltags werden und unsere Gewohnheiten tiefgründig verändern.

Wie schaffen wir es, auch Optimierungen in unserem Arbeitsverhalten dermaßen gut in den Alltag zu integrieren, dass wir uns dereinst schier nicht mehr vorstellen können, wie es vorher war? Wie erreichen wir unsere diesbezüglichen Ziele?

## 4.2 Wie Veränderungen gelingen können

Das Beispiel der elektronischen Medien zeigt uns: Veränderungen und Wandel der Gewohnheiten sind möglich. Ihr Leidensdruck und Ihre Zuversicht sind bei diesen Veränderungsprozessen entscheidende Triebfedern. Damit die Verhaltensveränderungen gelingen und Sie Ihre persönlichen Ziele erreichen, sind weitere Faktoren essenziell. Es braucht – wer hätte das gedacht – viel Übung. Sie müssen in eine neue

Welt eintauchen. Sie benötigen Durchhaltewillen und Selbstdisziplin, müssen mit Rückschlägen erfolgreich fertig werden und die neuen Verhaltensweisen Schritt für Schritt zu Ihren neuen Gewohnheiten machen. Das fällt Ihnen leichter, wenn Sie sich einige Funktionsweisen unseres Gehirns zunutze machen und in Ihrem Gehirn entsprechende Spuren anlegen können.

## 4.2.1   Der Einfluss unserer Sprache

Veränderungen beginnen mit etwas Unscheinbarem und Selbstverständlichem: mit unserer Sprache. Wie Sie sich selber, andere Menschen, konkrete Situationen und so weiter beschreiben, welche Worte und welche Metaphern Sie dafür verwenden, beeinflusst ganz erheblich unser Denken und unser Verhalten und entscheidet darüber, wie gut es uns gelingt, etwas im Gehirn festzusetzen.

Unser Gehirn macht die Worte dadurch für uns verstehbar, indem es Sinneseindrücke abruft. Je nachdem, wie Sie etwas formulieren, verändert sich folglich Ihre Wahrnehmung des Sachverhalts sowie Ihre Einstellung dazu. Worte prägen unser Denken und unser Handeln. Sie können uns verletzen oder uns in Ekstase versetzen. Wenn Sie ein berührend trauriges Buch lesen, spüren Sie das genauso wie wenn Sie mit Ihrem Arbeitskollegen eine heftige Diskussion führen, die in einen Streit ausartet. Unsere Sprache lenkt uns.

Oft wirken die Worte viel weniger offensichtlich. Studien ergaben, dass allein die Beschreibung eines Lebensmittels unser Geschmackserlebnis markant beeinflusst. Der knackige Blattsalat, die goldene Safran-Suppe und das butterzarte Rindsfilet vom Holzkohlengrill lassen uns das Wasser im Mund zusammenlaufen und wecken ganz andere Assoziationen als wenn wir einfach von Salat, Suppe und Rindfleisch sprechen. Unsere Wahrnehmung und sogar die körperlichen Reaktionen lassen sich von den verwendeten Begriffen leiten. Das funktioniert auch im negativen Sinne: Sprechen wir ein Tabuwort aus, lassen sich an unserem Körper Stresssymptome messen [2].

**Sprache aktiviert die Netzwerke in unserem Gehirn**
Durch die Wahl der Worte aktivieren wir in unserem Gedächtnis ein immenses Netzwerk an Assoziationen, welches unsere Gedanken inspiriert. Mit der Sprache üben wir demzufolge Einfluss auf unsere Aufmerksamkeit aus und lenken unser Denken in gewisse Bahnen. Unsere Sprache ist unser Motor für das Denken, die Sprache verleiht uns Macht über uns selber. So wie wir innere Ablenkungen durch eine explizite Sprache vermindern können (siehe Abschn. 2.2.3), können wir über die gewählten Worte massiv Einfluss nehmen auf unsere Einstellung und auf unser Verhalten. Bereits das Wissen um diese Zusammenhänge kann bewirken, dass wir

gezielter mit unserer Sprache umgehen und vermehrt darauf achten, welche Worte wir wählen.

**Darüber sprechen hinterlässt Spuren in Ihrem Gehirn**
Je bewusster und je öfter Sie über Ihre Ziele sprechen, desto besser verankern Sie diese in Ihrem Gehirn. Diese sogenannte *bedeutungsvolle Wiederholung* ist auch bei der Aufarbeitung von Erlebnissen sehr hilfreich. Im Gehirn erfolgt dabei eine Langzeitpotenzierung der Zellen. Das bedeutet, dass die Zellen besser miteinander kommunizieren, da sie durch die bedeutungsvolle Wiederholung stärker miteinander verbunden sind. Die Langzeitpotenzierung bildet die Grundlage für die Gedächtnisbildung und für das Lernen aus Sicht unserer Gehirnzellen. Zudem ist sie mitverantwortlich, dass in unserem Gehirn neue neuronale Netzwerke entstehen.

Sprechen Sie also über Ihre Vorhaben und Ziele so detailliert und so oft es geht und mit verschiedensten Personen. Immer und immer wieder. Achten Sie jeweils auf Ihre Wortwahl. Und ein Teil der Umsetzung ist bereits gemacht oder zumindest vorgespurt, denn die Worte hinterlassen im wahrsten Sinne des Wortes Spuren in Ihrem Gehirn.

---

**Zielformulierung: Den Einfluss der Worte positiv nutzen**
- Beschreiben Sie Ihr Ziel-Bild, jenen Zustand, den Sie erreichen wollen. Was daran inspiriert Sie besonders? Finden Sie kreative Metaphern und Analogien für Ihr Ziel-Bild.
- Wählen Sie eine positive Ausdrucksweise. Schreiben Sie auf, was Sie erreichen möchten. Vermeiden Sie es auszudrücken, worauf Sie verzichten wollen. Ersetzen Sie „Ich möchte mich nicht mehr ablenken lassen" beispielsweise durch „Ich lenke meine volle Aufmerksamkeit bewusst darauf, was ich im jetzigen Moment tue". Andernfalls wird der Gedanke an das Negative zu übermächtig in Ihrem Gehirn und nur das Negative bleibt im Gehirn hängen.
- Formulieren Sie Ihre Veränderungsvorhaben als echtes Ziel:
  - Spezifisch: Was konkret möchten Sie verändern? Wie soll es werden?
  - Messbar: Woran werden Sie feststellen, dass Sie Ihr Ziel erreicht haben?
  - Ihr Ziel soll für Sie attraktiv, aber dennoch realistisch und erreichbar sein.
  - Setzen Sie sich Termine: Bis wann wollen Sie Ihr Ziel erreicht haben oder erste Erfolge erkennen? Wann machen Sie eine erste Standortbestimmung, an der auch Zielkorrekturen möglich sind?

## 4.2.2   Eigene Ziele erreichen

Das eigene Verhalten zu verändern ist in etwa gleich schwierig wie das Erlernen einer neuen Sprache. Abgesehen von Ihrem Sprachtalent und vom Verwandtschaftsgrad der neuen Sprache mit der Muttersprache spielen verschiedene Faktoren eine Rolle, wie rasch Sie die neue Sprache erlernen. Dieselben Einflüsse haben Sie auch, wenn Sie Ihr Arbeitsverhalten dauerhaft optimieren wollen. Nachfolgend finden Sie Anregungen, wie Sie erfolgreicher Ihre eigenen Ziele erreichen.

**Sich das richtige Ziel setzen**
So banal es klingen mag: Die Wahl des richtigen, für Sie relevanten Zieles ist maßgebend, ob Sie genügend Motivation aufbringen, um den teilweise beschwerlichen Weg bis zum Ende zu gehen. Fragen Sie sich zuallererst, wo Sie Ihren größten Leidensdruck verspüren, was Sie wirklich verändern wollen und wo Ihre Zuversicht und Ihre Hoffnung stark genug sind, dass Sie das angestrebte Ziel wirklich erreichen.

▶      Wo liegt Ihr größter Handlungs- und Leidensdruck?

Je schwerer die momentane Situation für Sie zu ertragen ist oder je größer die Nachteile sind, die Sie künftig erwarten, wenn Sie sich nicht verändern, desto größer ist Ihre Motivation, eine Veränderung anzugehen und umzusetzen. Doch der Leidensdruck alleine reicht noch nicht, Leidensdruck für sich alleine erzeugt höchstens Resignation. Erst durch eine positive Perspektive, durch Hoffnung und Zuversicht, entsteht die notwendige Energie für einen erfolgreichen Wandel des eigenen Verhaltens. Rein rationale Argumente schaffen im Übrigen keine Veränderungsbereitschaft, sie berühren uns zu wenig und haben keine Chance, unser inneres Feuer zu zünden.

Übertragen auf das Lernen einer Fremdsprache bedeutet das, dass die Aussicht auf Erfolg wesentlich größer ist, wenn Sie die Fremdsprache für eine künftige Reise oder bei einer neuen Arbeitsstelle einsetzen werden und sich auch zutrauen, diese Sprache zu erlernen, als wenn Sie einfach so mal eine neue Sprache erlernen möchten.

**Aller Anfang ist schwer – alles andere ist illusorisch**
Wie das Erlernen einer Fremdsprache erfordert jede Verhaltensänderung eine beträchtliche Anfangsinvestition. Die Gefahr des Scheiterns ist gleich zu Beginn sehr hoch, die Rückschläge sind oftmals weitreichender als die wahrgenommenen Fortschritte. Alles dauert lange, ist mühsam und anstrengend. Umso wichtiger sind erste kleine Erfolge und ein klares, lebendiges Ziel-Bild.

Halten Sie sich jeden noch so kleinen Erfolg gerade zu Beginn immer wieder vor Augen, ebenso wie Ihr Ziel-Bild. Dadurch aktivieren Sie in Ihrem Gehirn jedes Mal die entsprechenden Netzwerke und erleichtern es diesen somit, sich immer stärker miteinander zu verknüpfen.

**Das Ziel in Teilschritte unterteilen und regelmäßig Standortbestimmungen vornehmen**
Wenn Sie sich zum Ziel setzen, in zwei oder drei Jahren die neue Fremdsprache perfekt zu beherrschen, hat diese Formulierung weder Antriebskraft noch fördert sie den Durchhaltewillen. Auch eine zwischenzeitliche Überprüfung ist mehr als schwierig. Ganz abgesehen von der unspezifischen und wenig konkreten Formulierung an und für sich.

Unterteilen Sie daher Ihr Ziel in Teilschritte, deren Erreichen Sie regelmäßig überprüfen. Wählen Sie bewusst kleine Schritte. Dann erkennen Sie bereits kleine Erfolge und sind flexibel genug, um Ihre Ziele korrigieren zu können, falls Sie feststellen, dass Sie sich nicht mehr ganz auf dem richtigen Weg befinden. Vergessen Sie nicht, sich selber für Ihre Fortschritte zu loben.

**Übung macht den Meister**
Nachdem der Anfang geschafft ist, braucht es viele Wiederholungen, damit sich neue Verhaltensweisen im Gehirn festsetzen. So wie Sie Vokabeln lernen und sich diese selten beim ersten Lesen schon merken können, müssen Sie auch Ihr neues Arbeitsverhalten immer wieder trainieren.

▶   Entwickeln Sie Ihre Intuition, indem Sie die neuen Verhaltensweisen intensiv und regelmäßig trainieren.

Um ein Gefühl für die neuen Verhaltensweisen zu entwickeln, brauchen Sie die entsprechende Intuition dafür. Die erreichen Sie durch intensives Training. Je regelmäßiger Sie trainieren, desto besser. Dadurch legen Sie in Ihrem Gehirn neue Spuren an. Aus den Spuren werden vernetzte Wege, aus den Wegen werden Straßen und schließlich Autobahnen, die es Ihrem Gehirn leicht machen, sie zu „befahren". Stellen Sie sich diese Straßen und Autobahnen immer wieder bildlich vor, das unterstützt den gesamten Prozess. Bereits gedankliches Üben von neuen Verhaltensweisen hilft, da unser Gehirn nicht unterscheiden kann, ob wir etwas in der Realität oder nur in unserer Fantasie trainieren.

Wenn Sie beispielsweise beabsichtigen, Ihre Achtsamkeit im Alltag zu trainieren, so tun Sie dies am besten täglich und in kleinen Einheiten. Sie könnten sich vornehmen, sich bei jedem Abendessen voll und ganz dem Essen zu widmen. Oder immer, wenn Sie Salat essen.

**In die neue Welt eintauchen**
Wollen wir eine Fremdsprache lernen, müssen wir unsere gewohnte Sprache ausblenden, die instinktiven Reflexe hemmen und dadurch verhindern, dass die uns
bekannte und vertraute Sprache ins Bewusstsein gelangt. Am besten gelingt uns
das, wenn wir in die neue Welt eintauchen können, beispielsweise bei einem
Sprachaufenthalt.

Die Veränderung des Arbeitsverhaltens unterstützen Sie damit, indem Sie sich
eine Umgebung schaffen, die Sie darin unterstützt, alte Verhaltensweisen zu unterbinden. Schalten Sie Ihr Mobiltelefon aus und legen Sie es in eine Schublade
außerhalb Ihrer Sichtweite, wenn Sie sich zum Ziel gesetzt haben, täglich einige
handyfreie Stunden zu verbringen. Aus den Augen – aus dem Sinn. So erliegen Sie
viel seltener der Versuchung, ab und zu dennoch auf Ihr Handy zu schauen. Ihre
Selbstkontrolle ist aktiv, die Erfolgschancen insgesamt sind intakt.

▶   Bauen Sie die neuen Verhaltensweisen und unzählige Hinweise darauf
    in Ihren Alltag ein.

Die neue Sprache soll im Alltag immer wieder in Ihr Gehör und in Ihr Blickfeld
gelangen. Sie sehen sich Filme in der Fremdsprache an, lesen Zeitungen oder Bücher
in der neuen Sprache oder bringen vielleicht in Ihrem Haushalt Haftnotizen an mit
der fremdsprachigen Bezeichnung der Haushaltsgegenstände.

Und beim Arbeitsverhalten? Haftnotizen können auch da helfen. Je öfter Sie
an Ihr Ziel oder an einzelne neue Verhaltensweisen erinnert werden und je mehr
Sinne Sie dabei ansprechen, umso besser. Wenn Sie Ihrem Gehirn gelegentlich
eine kurze Auszeit gönnen wollen, indem Sie sich an einem Meeresstrand wähnen,
dann bringen Sie im Blickfeld Ihres Arbeitsplatzes beispielsweise ein Foto oder eine
Ansichtskarte Ihres Lieblingsstrandes an. Oder bewahren Sie in einem Gefäß etwas
Sand auf, in den Sie regelmäßig Ihre Hand hineinstecken und dabei die Augen
schließen. Welche – durchaus auch leicht verrückten – Ideen und Fantasien haben
Sie?

**Rückschläge und Hänger gehören dazu**
Rückschläge gehören ebenso zu jedem Veränderungsprozess wie Durchhänger.
Bereiten Sie sich gleich zu Beginn darauf vor, dass es nicht immer vorwärts geht,
sondern manchmal wieder einen Schritt zurück. Das hat auch seine positiven Seiten:
Wir werden immer wieder gezwungen, uns und unser Verhalten sowie unsere Ziele
kritisch zu hinterfragen und weiterzuentwickeln. Malen Sie sich bei Durchhängern
immer wieder gedanklich aus, welche Vorteile Sie haben werden, wenn Sie Ihre
Ziele erreichen und was alles besser sein wird.

▶ Malen Sie sich gedanklich immer wieder aus, wie es sein wird, wenn Sie Ihr Ziel erreicht haben.

### An die eigenen Grenzen stoßen – und sie überschreiten

Seit einiger Zeit lernen Sie nun die neue Sprache und fühlen sich schon richtig gut, ganze Sätze zu formulieren. Doch heute lauschen Sie einer Unterhaltung von zwei Muttersprachlern und stellen fest, dass Sie diesem Gespräch noch kaum folgen, geschweige denn mitdiskutieren können. Oder Sie vergleichen Ihr Arbeitsverhalten mit jenem Ihres Arbeitskollegen, der mit der E-Mail-Flut scheinbar viel besser umgehen kann als Sie das nach wie vor können. Was nun?

Seien Sie sich bewusst, dass Sie irgendwann an Ihre Grenzen stoßen werden und überlegen Sie sich frühzeitig, wie Sie damit umgehen werden und wie Sie die eigenen Grenzen allenfalls gar überschreiten können.

- Wann haben Sie das in Ihrer Vergangenheit bereits einmal geschafft?
- Welche Ihrer persönlichen Ressourcen hat Sie damals dabei unterstützt?
- Auf welche Ihrer Fähigkeiten und Kompetenzen können Sie ganz besonders zurückgreifen, wenn es darauf ankommt?

Bedenken Sie: Die eigenen Grenzen haben oft sehr viel mit unserer Erwartungshaltung und unserer inneren Einstellung zu tun. Beides lässt sich modifizieren.

### Unperfekt ist perfekt genug

Wenn Sie in der neuen Sprache nicht gleich Dolmetscher oder Sprachlehrer werden wollen, reicht es in den meisten Fällen, wenn Sie die Sprache verstehen und sich in verschiedensten Alltagssituationen verständigen können. Nur die allerwenigsten Menschen sprechen eine Fremdsprache nach ein paar Wochen perfekt.

Beim Arbeitsverhalten erwarten wir hingegen, dass wir genau das schaffen: eine vollständige und perfekte Zielerreichung innerhalb einer Wochenfrist. Das ist utopisch. Erwarten Sie nur so viel von sich selber, wie wirklich realistisch ist. Unperfekt ist in den meisten Fällen bereits perfekt genug. Sie machen dadurch erste Schritte in die richtige Richtung. Geben Sie sich die notwendige Zeit, die Verhaltensänderungen benötigen, bis sie etabliert sind. Genauso wie Sie sich für eine neue Fremdsprache Zeit geben.

### Vom Umgang mit der Ungeduld

Nicht nur ungeduldigen Menschen geht es häufig zu wenig rasch, bis sich neue Verhaltensweisen etabliert haben. In der Dynamik, dem Tempo und der Hektik der heutigen Zeit sollen auch Veränderungen schnell stattfinden. Viele sind es heute gewohnt, sich ihre Wünsche unmittelbar zu erfüllen, was in unserer Welt des Überflusses und der multiplen Optionen vielfach möglich ist. Ebenso eilig wollen sie ihr Verhalten daher in diese oder jene Richtung optimieren. Die Unternehmen tun ja schließlich dasselbe und führen ein Change-Projekt nach dem anderen durch. Gerade dadurch sind diese Vorhaben von Anfang an zum Scheitern verurteilt, auf Unternehmensebene genauso wie im persönlichen Verhalten.

▶   **Veränderungen brauchen Zeit. Viel Zeit.**

Veränderungen müssen schrittweise erfolgen und das angepasste Arbeitsverhalten muss seinen Platz in Ihrem Leben finden können. Managen Sie Ihre eigenen Erwartungen dementsprechend und geben Sie sich mindestens ebenso viel Zeit wie Sie anderen Menschen für Verhaltensänderungen einräumen. In der Ruhe liegt die Kraft.

**Selbstdisziplin und Eigenverantwortung**
Die schlechte Nachricht: Es geht nicht ohne Selbstdisziplin. Die gute: Sie selbst sind Herrscher oder Herrscherin über Ihre Disziplin. Deshalb heißt es auch Selbstdisziplin. Sie bestimmen, wie diszipliniert Sie sich verhalten und wie rasch Sie Ihre Ziele erreichen wollen, Sie selber können sich auch mal Ausnahmen oder Ausrutscher gönnen, Sie selber können Ihre persönlichen Erfolge feiern, und seien sie noch so klein. Sie sind Ihr eigener Dirigent, Sie sind uneingeschränkt eigenverantwortlich für alles, was Sie tun und für alles, was Sie nicht tun. Sie selbst können Spuren in Ihrem Gehirn anlegen und bestimmen, welche Spuren das sein sollen.

## 4.2.3  Priming: Spuren im Gehirn

Beim sogenannten *Priming* legt unser Gehirn Spuren an und bereitet so unser Unterbewusstsein auf kommende Ereignisse vor. Ein Reiz aktiviert in unserem Gehirn Gedächtnisinhalte und ruft aufgrund unserer früheren Erfahrung spezifische Assoziationen hervor. Das verläuft in aller Regel unbewusst, beeinflusst jedoch unseren Gemütszustand ebenso wie unser Verhalten.

Ein einfaches und anschauliches Beispiel für Priming liefert ein Frage-Antwort-Spiel, das Kinder gerne spielen:

- „Welche Farbe haben die Wolken?" „Weiß."
- „Welche Farbe hat Papier?" „Weiß."

- „Welche Farbe hat ein Brautkleid?" „Weiß."
- „Welche Farbe hat Schnee?" „Weiß."
- „Was trinken Kühe?" „Milch . . . ähm . . . Wasser."

Es liegt am Priming-Effekt, dass viele Kinder bei der letzten Antwort hereinfallen und falschliegen. Das Gehirn stellt sich auf die Farbe Weiß ein und das erstbeste Getränk, das mit dieser Farbe und mit Kühen assoziiert wird, ist Milch und nicht Wasser.

Unser Gehirn nutzt das Priming, um Reize schneller verarbeiten zu können. Man spricht beim Priming auch vom Anbahnen einer Reaktion. Auf komplexe Sinneseindrücke können wir durch diese Vorverarbeitung um ein Vielfaches rascher reagieren. Das Gehirn weiß quasi schon im Voraus, wie es auf einen Reiz zu reagieren hat.

### Wie Priming mittels Wörtern das Verhalten beeinflusst

John Bargh, Mark Chen und Lara Burrows führten verschiedene Studien zur Erforschung des Priming-Effektes durch. Sie wollten herausfinden, wie Priming das Verhalten von Versuchspersonen unbewusst beeinflusst.

Bei der einen Experimenten-Reihe wurden Studenten 30 Sets mit Wörtern präsentiert. Jedes Set bestand aus einigen Wörtern. Daraus sollten die Studenten sinnvolle und grammatikalisch korrekte Sätze bilden. Bei der Gruppe 1 enthielten alle Sets Wörter, die mit Höflichkeit in Verbindung gebracht, bei der Gruppe 2 solche, die mit Unhöflichkeit assoziiert werden. Die Kontrollgruppe erhielt neutrale Begriffe. Im Anschluss sollten sich die Studenten beim Studienleiter melden, um weitere Informationen zu erhalten. Allerdings war dieser gerade in ein Gespräch mit einer anderen Person vertieft. Nur 17 % der Studenten aus der ersten Gruppe (Höflichkeitswörter) unterbrachen den Versuchsleiter bei seinem Gespräch. Aus der Kontrollgruppe taten dies immerhin 38 %. Von den Studenten, die sich mit unhöflichen Wörtern auseinandergesetzt hatten, unterbrachen 63 % das Gespräch des Versuchsleiters. Die Art der Wörter in der Aufgabe hatte offenbar Auswirkungen auf das Verhalten der Studierenden, selbst wenn dieses in keinem Zusammenhang stand mit der Aufgabe selber.

In die gleiche Richtung weisen die Ergebnisse einer anderen Untersuchung, die ebenfalls von Bargh, Chen und Burrows durchgeführt wurde. Diesmal mussten die Probanden Sätze bilden mit Wörtern, die in der einen Gruppe mit alten Menschen in Verbindung gebracht werden, wie beispielsweise Heim, graue Haare, Langsamkeit, Runzeln oder Einsamkeit. Der Begriff „alt" kam jedoch nicht vor. Die andere Gruppe erhielt wiederum neutrale Ausdrücke. Den Versuchsteilnehmern wurde gesagt, ihr sprachliches Können werde getestet.

Im Anschluss stoppte ein zweiter Versuchsleiter versteckt die Zeit, die die Probanden benötigten, um einen langen Flur entlang bis zum Ausgang zu gehen. Wie Sie nun wohl bereits vermuten, gingen jene Studenten signifikant langsamer den Gang entlang, die sich vorher mit Wörtern beschäftigten, die mit alten Menschen assoziiert werden. Sie waren sich allerdings dessen überhaupt nicht bewusst [3].

Die Wörter, mit denen sich unser Gehirn beschäftigt, haben nachweislich einen unbewussten Einfluss auf unser nachfolgendes Verhalten. Die Wörter bahnen offensichtlich Verhaltensweisen an, die von unserem Gehirn mit den Ausdrücken in Verbindung gebracht werden.

Wie können wir das Priming nutzen, um unsere Ziele und somit Verhaltensänderungen zu erreichen?

Selbst-Priming unterstützt uns dabei, unsere Aufmerksamkeit zu fokussieren. Platzieren Sie in Ihrem Alltag so viele Hinweise wie möglich, die Sie immer wieder an Ihr Ziel erinnern. So legen Sie die entsprechenden Spuren in Ihrem Gehirn an. Eine einfache Möglichkeit besteht darin, wie im Abschn. 4.2.2 beschrieben, Haftnotizen oder Bilder in Ihrem Blickfeld anzubringen. Oder legen Sie ein Bild in Ihren Geldbeutel oder laden Sie es auf Ihr Smartphone oder als Hintergrundbild auf Ihren Bildschirm. Es müssen nicht bloß Bilder sein. Alles, was wir mit unseren Sinnen erfahren, kann zum Selbst-Priming genutzt werden. Ihrer Fantasie sind keine Grenzen gesetzt.

Es geht darum, dass Sie Ihren Alltag mit Reizen versehen, die in Ihrem Gehirn jene Spuren legen, um Ihr Verhalten in die gewünschte Richtung zu lenken. Überlegen Sie sich, welche Wörter, Metaphern, Bilder, Gegenstände oder welche Musik Sie dafür nutzen können und sorgen Sie für ausreichende Priming-Gelegenheiten. Je mehr, desto besser.

## 4.2.4  Der Weg der kleinen Schritte

Zielorientiertes Arbeiten ist in unserer Wirtschaft weit verbreitet und es herrscht der Glaube vor, nur wer sich anspruchsvolle und möglichst hohe Ziele setze, der bringe es zu etwas im Beruf und im Leben allgemein. Konkrete Ziele sind unbestrittenerweise sehr nützlich, auch wenn es um die Veränderung des Arbeitsverhaltens geht. Allerdings bergen in dieser Hinsicht zu hoch gesetzte Ziele die Gefahr, dass wir unser Veränderungsvorhaben sehr rasch wieder aufgeben und zum gewohnten Verhalten zurückkehren. Deshalb plädiere ich dafür, sich erreichbare Ziele zu setzen. Und damit meine ich wirklich erreichbare. Solche, die Sie zu 99 oder noch besser zu 100 % erreichen.

> „Fürchte dich nicht vor dem langsamen Vorwärtsgehen, fürchte dich nur vor dem Stehenbleiben." Weisheit aus China

Es ist von großem Vorteil, wenn Sie sich immer wieder ganz kleine Ziele setzen, diese erreichen und dann die nächsten kleinen Ziele planen. Auf diesem Weg der kleinen Schritte werden Sie mittel- und langfristig viel mehr erreichen und massiv zufriedener sein als wenn Sie sich zu viel auf einmal vornehmen. Jedes erreichte Ziel ist ein Erfolg, der Sie voran bringt – und sei er noch so klein.

Erinnern Sie sich an meine Ausführungen zum Belohnungssystem und der Rolle der Erwartungen (Abschn. 2.5.2 und 2.5.3)? Ich schlage Ihnen in diesem Abschnitten vor, dass Sie in Ihrer Aufgabenliste stets eine Tätigkeit aufführen, die Sie mit Sicherheit an diesem Tag erledigen. Dadurch aktivieren Sie Ihr Belohnungssystem im Gehirn und fühlen sich viel besser – selbst an Tagen, an denen es so hektisch zu und her geht, dass Sie das Gefühl haben, nichts geschafft zu haben. Halt! Sie haben ja Ihre eine Aufgabe erledigt. Das fühlt sich wesentlich besser an und Ihr Belohnungssystem schüttet Dopamin aus.

▶ Setzen Sie sich kleine Ziele, die Sie auf jeden Fall erreichen. Jedes erreichte Ziel ist ein Erfolg.

**Erwartungsmanagement**
Eine wichtige Rolle beim Weg der kleinen Schritte spielt Ihr persönliches Erwartungsmanagement. Je nachdem, was wir erwarten, verändern wir unsere Informationsverarbeitung im Gehirn und die Art unserer Wahrnehmung. Im Gehirn erhalten jene Erwartungen Vorrang, bei denen das Gehirn annimmt, dass eine Belohnung eintritt, weil unser Gehirn die Dopamin-Belohnungen derart liebt. Halten Sie nun Ihre Erwartungshaltung tief, setzen sich kleine und wirklich erreichbare Ziele, so schaltet Ihr Gehirn dafür alle Ampeln auf grün und der Weg von einer Belohnung zur nächsten ist frei.

**Mit Skalen arbeiten**
Hilfreich für den Weg der kleinen Schritte sind Skalen. Nehmen wir an, auf einer Skala von eins bis zehn bedeutet zehn, dass Sie Ihr Arbeitsverhalten so optimiert haben, wie Sie es sich nur wünschen können. Zugegeben, das ist (noch) kein kleines und zu 100 % erreichbares Ziel. Das kommt erst noch. Die Eins auf der Skala bedeutet das Gegenteil: Alles läuft in Bezug auf gehirngerechtes und effektives Arbeiten schief, Sie kriegen diesbezüglich rein gar nichts auf die Reihe. Zeichnen Sie sich diese Skala auf ein Blatt Papier und halten Sie fest, auf welcher Ziffer Sie sich jetzt gerade befinden. Dabei handelt es sich um eine rein subjektive Einschätzung und zugleich um eine Momentaufnahme.

▶ Weshalb stehen Sie bereits da, wo Sie auf der Skala stehen? Wie kommen Sie einen kleinen Schritt weiter in Richtung Ihres Zieles?

Nehmen wir an, Sie stehen beispielsweise bei sechs. Überlegen Sie sich nun, was es ausmacht, dass Sie auf der Zahl sechs stehen und nicht tiefer. Was machen Sie heute bereits alles gut und wünschen sich, dass Sie es weiterhin tun? Welche positiven Erlebnisse sind mit diesem Zwischenstand verbunden? Welche Ihrer Fähigkeiten, Kompetenzen, Ressourcen helfen Ihnen dabei, dass Sie bereits so weit sind auf der Skala?

Im nächsten Schritt überlegen Sie sich, was Sie tun müssen, damit Sie auf der Skala einen kleinen Schritt vorwärtskommen, sagen wir auf eine Sechseinhalb oder auf eine Sieben. Und an diesem Punkt sind wir wieder beim Weg der kleinen Schritte. Es geht nicht darum, wie Sie auf direktem Weg von der Sechs zur Zehn gelangen, sondern wie Sie einen nächsten kleinen Schritt in die richtige Richtung machen. Und sobald Sie die notwendigen minimalen Maßnahmen umgesetzt haben, machen Sie wiederum einen Abgleich auf Ihrer Skala.

Es kann auch sein, dass Sie an einem Tag das Gefühl haben, höchstens auf einer Vier zu stehen. Lassen Sie sich dadurch nicht verunsichern. Rückschläge gehören dazu, wie wir gesehen haben. Und auch hier stellen Sie sich die Frage, was es ausmacht, dass Sie bei Vier stehen und was es braucht, damit Sie einen kleinen Schritt vorwärtskommen.

Ich möchte Sie ermuntern, hie und da mit solchen Skalen zu arbeiten. Die sind für persönliche Standortbestimmungen und für den Weg der kleinen Schritte überaus nützlich. Sie können die Skalen auch für einen Perspektivenwechsel nutzen. Fragen Sie sich, wie wohl Ihr Vorgesetzter oder Ihre Arbeitskollegen oder Ihre Mitarbeitenden einschätzen würden, wo Sie auf der Skala stehen. Weshalb würden Sie diese Personen so einschätzen? Welche Stärken und Fähigkeiten schreiben diese Ihnen zu? Was schätzen diese an Ihnen besonders?

▶     **Wie zuversichtlich sind Sie auf einer Skala von eins bis zehn, dass Sie Ihr Ziel erreichen?**

Als hilfreich erweist sich auch eine zweite Skala, wiederum von eins bis zehn. Tragen Sie auf dieser Skala ein, wie zuversichtlich Sie sind, dass Sie das Endziel erreichen. Oder wie zuversichtlich Sie sind, dass Sie auf der Ziel-Skala einen Schritt vorwärtskommen. Zehn bedeutet, Sie sind zu 100 % zuversichtlich, die Eins steht für keinerlei Zuversicht. Auch hier können Sie sich fragen, weshalb Sie so hoffnungsvoll sind, wie Sie es sind, was Ihre Zuversicht nährt, welche Kompetenzen und Fähigkeiten Sie darin bestärken und was es allenfalls braucht, um Ihre Hoffnung noch etwas mehr zu nähren.

### Stärken Sie Ihre Stärken

Suchen Sie bei der Arbeit mit Skalen ganz bewusst immer nach Stärken, nach Ihren Fähigkeiten und Kompetenzen, nach positiven Aussagen von anderen Menschen. Es geht nicht darum, Ihre Schwächen und Fehler auszublenden oder zu verneinen. Fehler hat jeder Mensch. Sondern es geht vielmehr darum, Sie auf Ihrem Weg voranzubringen. Und dafür richten Sie Ihren Fokus ausdrücklich auf die positiven Seiten, darauf, was Sie bestärkt. Investieren Sie Ihre Energie lieber in den Ausbau Ihrer Stärken als ins Aufdecken von Schwächen. Dadurch richten Sie Ihren Aufmerksamkeitsscheinwerfer auf Positives und aktivieren und vernetzen die dazugehörigen Gehirnregionen. So stärken Sie Ihre Stärken und unterstützen sich selber darin, erfolgreich Ihre Ziele zu erreichen.

## 4.2.5 Gewohnheiten durch Rituale verändern

Rituale sind formelle Handlungen, die nach mehr oder weniger festen Vorgaben ablaufen und einen hohen Symbolcharakter haben. Viele verbinden mit diesem Begriff religiöse Feiern und Zeremonien. Früher gab es viel mehr solche fixe Bräuche, nicht nur in der Kirche, sondern auch im Privatleben. Frühstück, Mittagessen und Abendessen wurden stets im Kreis der ganzen Familie zu festen Zeiten eingenommen, Familienanlässe und Feste hatten ihren unverrückbaren Platz im Kalender und alle waren immer mit dabei. Der wöchentliche Gottesdienst gehörte ebenso dazu wie der Stammtisch in der Kneipe. Selbst wer im Grunde nicht religiös war, ging trotzdem in die Kirche, weil es sich so gehörte.

Diese Rituale gaben den Menschen Halt und Strukturen, es waren stets Momente zum Innehalten, die den Rhythmus der Menschen prägten. Auch wer nichts mit der Predigt des Pfarrers anfangen konnte, hatte wenigstens die Gelegenheit, einmal pro Woche eine Stunde lang still und leise seinen Gedanken nachzuhängen – oder allenfalls ein Nickerchen zu machen.

**Die heutige Welt kennt kaum noch Rituale**
Heute sind die Rituale in Vergessenheit geraten. Kein Tag gleicht heutzutage dem anderen, sich wiederholende Fixpunkte sind sehr rar geworden. Flexibilität und schier unbegrenzte Freiheiten prägen den Arbeitsalltag ebenso wie das Privatleben. Die Essenszeiten sind so flexibel gestaltet wie die Arbeitszeiten. Fehlt die Zeit für eine Mahlzeit, wird unterwegs rasch etwas geholt und wenn es sein muss auch mal im Gehen verzehrt. Ganz zu schweigen vom wöchentlichen Kirchenbesuch. Viele haben seit Langem keine Kirche mehr von innen gesehen.

▶ Rituale bilden Fixpunkte im hektischen Alltag.

Der Alltag von Säuglingen und Kleinkindern ist auch heute noch sehr strukturiert. Für Säuglinge ist diese Struktur überlebensnotwendig. Bei Kleinkindern sind es die Rituale, die ihnen Halt, Sicherheit und Rhythmus vermitteln. Sie helfen diesen kleinen Menschen, sich in unserer Welt zurechtzufinden. Je älter wir werden, desto weniger klar strukturiert ist unser Tag und desto mehr verlieren sich unsere

Rituale. Bei näherem Hinsehen entdecken wir vielleicht doch noch das eine oder andere Verhalten, das eine Art Ritual im Alltag darstellen kann – auch wenn diese Handlungen keine fest vorgeschriebenen Regeln mehr kennen und zumeist weder feierlich noch festlich sind. Welche Verhaltensweisen wiederholen Sie jeden Tag in derselben Abfolge? Ich wette, auch Sie haben noch den einen oder anderen Fixpunkt in Ihrem Alltag, selbst wenn es sich dabei nur noch um das Duschen und das Zähneputzen vor dem Schlafengehen handelt. Auch das sind Rituale und Fixpunkte in unserem Alltag. Diese wollen wir nutzen.

**Verhalten wird durch Rituale automatisiert**
Rituale sind in zweierlei Hinsicht interessant, wenn es um die Umsetzung Ihrer Ziele geht. Einerseits verleihen sie wie erwähnt Halt und geben Struktur. Andererseits können wir dank Ritualen unsere Gewohnheiten verändern. Wenn es uns gelingt, Verhaltensweisen über entsprechende Rituale so in unseren Alltag einzubauen, dass sie ebenso selbstverständlich werden wie das abendliche Zähneputzen, dann haben wir ein mächtiges Werkzeug für nachhaltige Verhaltensänderungen. Wir programmieren durch Rituale quasi unseren Autopiloten neu.

Ein Beispiel: Nehmen wir an, Sie möchten Ihre Aktivitäten künftig täglich priorisieren. Wenn Sie es schaffen, an jedem Arbeitstag die ersten zehn Minuten für die Priorisierung einzusetzen, dann werden Sie hierfür während der ersten paar Wochen wahrscheinlich einen Termin in Ihrem Kalender eintragen. Schon bald tun Sie das wie von selbst, ganz ohne Erinnerungsfunktion. Wenn Sie aus wichtigen Gründen Ihre Priorisierung an einem Tag nicht durchführen können, wird Ihnen etwas Zentrales fehlen. Das tägliche Priorisieren wird zu Ihrem Ritual. Bereits wenige Wiederholungen über ein paar Wochen reichen in der Regel dafür aus. Entscheidend ist die Regelmäßigkeit.

Ihr Zusatzgewinn: Die durch Rituale in Ihrem Alltag institutionalisierten Handlungen brauchen kaum noch Gehirnressourcen, weil diese Handlungen dann in Ihrem Gehirn feste Verknüpfungen haben.

## 4.3  Die persönliche Umsetzungsstrategie

Jedes moderne Unternehmen verfügt heute über eine Strategie, um die Unternehmensvision und -ziele zu erreichen. Da wird – teilweise von ganzen Heerscharen von Managern und Mitarbeitenden – strategisch geplant, Maßnahmen werden erarbeitet, umgesetzt und kontrolliert. Weshalb diese Methodik nicht auch auf die persönliche Ebene übertragen?

Erarbeiten Sie also eine ganz persönliche Umsetzungsstrategie, bestehend aus Ihren eigenen Zielen, Ihren maßgeschneiderten Maßnahmen und Ihrer individuellen Umsetzungsplanung.

### 4.3.1   Persönliche Leitsätze

Sie haben im Kap. 2 die von mir formulierten fünf Leitsätze für gehirngerechtes Arbeiten kennengelernt. Diese entstanden aus Erkenntnissen der modernen Gehirnforschung und psychologischen Studien sowie aufgrund meiner eigenen Arbeits- und Lebenserfahrung. Die müssen für Sie nicht alle und auch nicht alle in gleichem Ausmaß stimmig sein.

Aus diesem Grund fordere ich Sie auf, Ihre persönlichen Leitsätze für Ihr eigenes effektives und effizientes Arbeiten zu formulieren. Gerne dürfen Sie meine Leitsätze als Basis verwenden, sie anpassen, ergänzen, einzelne ganz verwerfen oder völlig neue kreieren. Es muss für Sie, Ihre Arbeits- und Lebenssituation stimmig und für Sie umsetzbar sein. Wichtig: Gleichen Sie Ihre Leitsätze mit Ihren Werten ab. Sie werden nur dann zu Ihren eigenen Leitsätzen, wenn Sie mit Ihren Werten im Einklang stehen.

Diese und weitere Fragen können Ihnen bei der Erarbeitung Ihrer persönlichen Leitsätze behilflich sein:

- Wie definieren Sie Erfolg? Wann sind Sie erfolgreich in Ihrem Leben?
- Was bedeutet für Sie effektives und effizientes Arbeiten?
- Wann und wie arbeiten Sie am konzentriertesten?
- Wie gehen Sie mit Störungen und Unterbrechungen um?
- Wie kriegen Sie Ihren Kopf frei und nutzen Ihr Gehirnpotenzial am besten?
- Wie finden Sie geeignete und umsetzbare Lösungen?
- Wie viel Autonomie benötigen Sie? Wie verschaffen Sie sich diese?

### 4.3.2   Standortbestimmungen als Boxenstopps

Wie es sich für eine Umsetzungsstrategie gehört, empfehle ich Ihnen, mehrere Standortbestimmungen – ich nenne sie Boxenstopps – konkret und bewusst einzuplanen. Mittels Skalen hinsichtlich der Zielerreichung und Ihrer Zuversicht sehen

Sie, wo Sie momentan stehen und was es allenfalls für Korrekturen und für weitere
Maßnahmen braucht.

Die Boxenstopps verstärken Sie darin, auf dem richtigen Weg zu sein und
machen Erfolge sichtbar – oder sind Gelegenheiten für rechtzeitige Korrekturen.
Gleichzeitig dienen Boxenstopps auch immer zum Innehalten, zum Auftanken,
um der Hektik des Alltags für einen Moment zu entfliehen und etwas Zeit für Sie
selbst und für Ihr Wohlbefinden zu haben. Es sind Momente, in denen Sie die
Achtsamkeit trainieren können. Momente, in denen Sie aus der Vogelperspektive
auf sich und Ihren Arbeitsalltag blicken. Augenblicke, in denen Sie rückwärts- und
vorwärtsschauen und sich selber neue Impulse verleihen können.

Boxenstopps werden dadurch zu wertvollen Denkpausen und Inseln im Alltag
und dürfen gerne einen festen Platz in Ihrem Kalender einnehmen. Egal was Sie
während Ihren Boxenstopps tun: Es soll Ihnen schlicht und einfach guttun.

### Eine Checkliste für Ihre ganz persönliche Umsetzungsstrategie

- Wo liegt Ihr größter Handlungs- und Leidensdruck? Welches ist Ihr absolut
  wichtigstes Ziel in Bezug auf Ihr Arbeitsverhalten, das Sie bestimmt erreichen
  werden?
  - Formulieren Sie Ihr Ziel konkret und positiv. Beschreiben Sie den Ziel-
    Zustand bildlich, finden Sie passende und lebendige Metaphern und
    Analogien für Ihr Ziel-Bild.
  - Ihr Ziel soll spezifisch, messbar, für Sie attraktiv und erreichbar und
    terminiert sein.
  - Unterteilen Sie Ihr Ziel in Teilschritte und erarbeiten Sie konkrete
    Maßnahmen, die Sie zu 100 % umsetzen werden.
- Tauchen Sie in die neue Welt ein und bauen Sie Ihr Ziel in Ihren Alltag
  ein. Nutzen Sie dabei die Technik des Selbst-Primings: Setzen Sie Postkarten,
  Fotos, Haftnotizen, Handyklingeltöne oder was auch immer ein. Hauptsache,
  Sie werden an die neuen Verhaltensweisen erinnert.
- Verhaltensänderungen benötigen Zeit. Seien Sie geduldig mit sich selber. In
  der Ruhe liegt die Kraft.
- Rückschläge und Hänger gehören dazu. Nutzen Sie diese als Chance, Ihre Fortschritte positiv zu würdigen und gleichzeitig die Ziele kritisch zu
  hinterfragen.
- Entscheiden Sie sich für einen Weg der kleinen Schritte. Skalen unterstützen Sie dabei. Halten Sie die eigenen Erwartungen bewusst tief. Geben Sie
  dadurch dem Belohnungssystem in Ihrem Gehirn die Chance, Sie immer
  wieder zu belohnen.

- Welche Rituale werden Sie einführen, nutzen oder verstärken, die Sie in Ihrer Zielerreichung unterstützen und Ihnen helfen, dass die neuen Verhaltensweisen vollkommen selbstverständlich werden?
- Planen Sie regelmäßig Boxenstopps ein. Zum Innehalten. Zum Auftanken. Zum Reflektieren. Um Achtsamkeit zu trainieren. Als Denkpause und Insel im Alltag. Für Sie ganz persönlich.
- Viel Spaß!

## Literatur

1. http://www.bitkom.org. Stand: Januar 2014.
2. Schramm, S., & Wüstenhagen, C. (2012). Die Macht der Worte. Zeit online. http://www.zeit.de/zeit-wissen/2012/06/Sprache-Worte-Wahrnehmung. Stand: Januar 2014.
3. Bargh, J. A., Chen, M., & Burrows, L. (1996). Automaticity of social behavior: Direct effects of trait construct and stereotype activation on action. *Journal of Personality and Social Psychology, 71*(2), 230–244.

The manufacturer's authorised representative in the EU is Springer Nature Customer Service Centre GmbH, Europaplatz 3, 69115 Heidelberg, Germany. If you have any concerns regarding our products, please contact ProductSafety@springernature.com

Printed and bound by CPI Group (UK) Ltd, Croydon, CR0 4YY

23/04/2026

02095643-0002